不懂生意的人做不好會計，不懂會計的人做不好老闆
「會計叔」和「算盤哥」帶你踏平會計職場取經路

跳出會計看會計

李玉周、羅杰夫 著

財經錢線

踏平會計職場取經路

今天，對「鐘核算」來說是個重要的日子，公司即將宣布本次中層幹部競選的結果。作為競聘人，「鐘核算」對競選胸有成竹——論能力，他技藝過人；論實務，他見多識廣；論付出，他盡心竭力。總之，財務部裡屬他可能性最大。

「鐘核算」志在必得地打開任職公示，却被眼前的一幕驚呆了，原以為手到擒來的財務經理職位，居然不是自己！

雀屏中選的另有其人——「艾分析」。

「鐘核算」是老實人，但老實人也受不了這份冤屈，他決定找老板要說法去！

老板似乎早有準備，任由「鐘核算」吐槽：「我那麼多期盼、那麼多遺憾，你知道嗎？」老板聽完啥也沒說，默默地拿給「鐘核算」管理層對其的評價：

「『鐘核算』同志入職以來，踏實肯干、任勞任怨，其專業能力突出，財會工作認真細緻，是公司會計工作的標杆，但處理業務時原則性過強，與業務部門的關係僵化，極少為經營決策提供財務支撐。」

一句話，本職工作沒得說，但財務管理和支撐經營的能力沒有。

跳出會計看會計

那「艾分析」呢？管理層對其的評價是：「工作充滿激情，在本職工作外善於和業務部門交流，經常參與項目營運，其提交的財務分析報告，為領導決策提供了關鍵數據和重要情報，體現了財務支撐經營、服務管理的價值。」

「鐘核算」默默看完兩份任職建議，再說不出一句話。老板這才說道：「公司沒有任命你不代表否定你，你做出的貢獻會有回報，這個月開始，你的薪酬按部門副經理標準發放，希望你一如既往地做好工作。」

「鐘核算」走出房間，心情仍未平復，百思不得其解。公司的決定有理有據，老板對自己也有情有義，可他想不明白的是自己那麼努力，為何做得不如「艾分析」那般有聲有色呢？

各位讀者，你能幫「鐘核算」找到答案麼？

答案就在管理層的評價裡——「財務支撐經營、服務管理的價值」。其實，這話出自會計定義——會計，以貨幣為主要計量單位，運用專門的方法，核算和監督一個單位經濟活動，提供會計信息，參與經營管理，以提高經濟效益。

「鐘核算」從出納做到核算會計、再從核算會計做到會計主管的一路艱辛，也不過是會計定義的前半部分，至於「參與經營管理，以提高經濟效益」，則從未涉足，所以，他根本不冤。

我們當然只能對「鐘核算」表示同情，同情之余，我們是否意識到自己將是、正是或已是另一個「鐘核算」？或許「按部門副經理發放薪酬」還能讓我們感到溫情所在，可這樣的老板少之又少，而在將來老板也不需要保留這份溫情——因為技術的進步。

如果現實讓我們看到，流程式的財務共享能將一個公司360多個會計縮減到不足80人，信息化的集中核算能將包含有37個下屬公司的合併報表在半個小時內完成，你覺得我們還有向老板吐槽的底氣和勇氣麼？

「時代越發展，會計越重要」這話沒錯，但這話沒說會計怎麼變重要，至少不是依靠會計定義的前半部分。

習慣於核算工作的各位會計朋友，是時候讓自己從「鐘核算」變為「艾分析」了。

上面那個故事是個真事，發生在五年前，「鐘核算」同志失去了財務經理的職位，很可惜。五年之後，或者不久之後，在不需要人工核算的未來，會計還能做什麼，我們會不會連現在的崗位也保不住？未來會不會就沒有會計這個職業了，這很可怕。

面對即將來臨的會計職業的大變革，除了恐慌與迷茫，我們更要積極地尋找解決問題的方法。既知前路不通，何不另闢蹊徑？乾脆大膽地跳出會計，看看未來會計是什麼樣，或許能找到方向。

作為會計人，我們當然知道會計工作的枯燥和苦累，更知道會計職場的艱辛與迷茫，好在有兩位先行者伴大家同行。

「會計叔」和「算盤哥」，他們一個是學術高手、一個是實務達人，他們會帶著大家一起跳出「會計」看會計，將那手中的「會計經」，幻化為如意金箍棒，踏碎凌霄，優哉會計職場！

「會計叔」：接地氣的會計學教授，在會計職場馳騁10餘年后回到高校從事教學；在實踐和理論的磨練中取得一手「會計真經」。

「算盤哥」：會計科班出身，在上市公司摸爬滾打10餘年，做過業務、當過財務，是個知業務、會服務、懂管理、能核算，能獨擋一面的「職場大師兄」。

跳出會計看會計

　　本書主要由「會計叔」李玉周、「算盤哥」羅杰夫合作完成，在寫作過程中李韻、曾美夏、馬佳行、馮夕娟、張濤等會計精英幫忙做了很多整理工作，並提供了一手職場經驗，特此感謝。

目錄

第一章　著眼當下，做一個面向未來的會計 ················· 1
　　第一節　會計是描繪世界的一種方式
　　　　　　──「重塑會計思維」 ································· 1
　　第二節　會計的邊界與內涵
　　　　　　──「做一個有取捨的會計」 ·························· 16
　　第三節　后會計時代的挑戰
　　　　　　──「石器時代的結束並不是因為沒有石頭」 ·········· 27

第二章　突破壁壘，當一個會「做生意」的會計 ············· 36
　　第一節　做會計的人要會「做生意」
　　　　　　──「不懂生意，會計不過是一堆數字」 ·············· 36
　　第二節　會計的原則與生意的邏輯
　　　　　　──「找到會計工作的平衡點」 ······················ 45
　　第三節　會計的自我、忘我與無我
　　　　　　──「突破會計固有的思維」 ························ 54

第三章　告別青澀，當一個「好會計」 ······················ 63
　　第一節　老會計和好會計
　　　　　　──「光靠時間，我們不會變得更好」 ················ 63

跳出會計看會計

第二節 核算、管理和經營還是經營、管理和核算
　　　　——「會計工作的三個層次」………………………… 74

第四章　告別狹隘，從經營的視角看資產 ………………… 84
第一節 貨幣資金、應收帳款和應收票據 ……………………… 85
第二節 存貨、交易性金融資產 ………………………………… 98
第三節 預付帳款、其他應收款 ………………………………… 112
第四節 投資性房地產、固定資產 ……………………………… 123
第五節 無形資產、開發支出和長期待攤費用 ………………… 135
第六節 長期股權投資、資產減值損失 ………………………… 148
第七節 在建工程、長期應收款 ………………………………… 157
第八節 商譽、生產性生物資產 ………………………………… 165

第五章　告別狹隘，從經營的視角看負債 ………………… 173
第一節 短期借款、其他應付款 ………………………………… 173
第二節 應付帳款和應付票據 …………………………………… 182
第三節 預收帳款 ………………………………………………… 188
第四節 應交稅費、應付職工薪酬 ……………………………… 194

第六章　告別平庸，成為新型會計 ………………………… 202
第一節 會計的服務、管理和核算
　　　　——「當一個會服務、懂管理、能核算的會計」……… 202
第二節 會計是老板的「外腦」
　　　　——「把自己當作老板那樣開展工作」………………… 216

第一章
著眼當下，做一個面向未來的會計

第一節　會計是描繪世界的一種方式
——「重塑會計思維」

　　會計，一個古老又新興的行業。作為理論學科，會計不過存在兩百多年的時間，作為實務運用技術，會計自石器時代即萌發雛形。如果用一句話解釋會計是什麼，「會計是描繪世界的一種方式」，這個解釋應該是恰當的。

　　如同數學、物理學、哲學，會計也是我們描繪世界、解釋現象的工具。

　　在數學家眼裡，一切存在都可以抽象歸納為以數字方式表達的邏輯，小到加減乘除，大到宇宙的起源，都是能算出來的；在物理學家的眼裡，世界不過是遵循物質運動最一般規律和基本結構的現實存在；在哲學家眼裡，任何問題都是「我是誰」「我從哪裡來」「我要到哪裡去」的千古哲思。

　　世界那麼大，會計也能描述清楚嗎？

　　世界這麼大，在會計學家的眼裡，可以體現為收入、支出和結餘，可以歸納為資產、負債和權益。我們用企業會計描繪商業活動、用行政事業單位會計描繪政府行為、用公益組織會計描繪慈善事業……只要有人和人類活動的存在，我們就能以會計的方式描繪世界，並將其表達為經濟活動形式的會計內容。

　　會計是描繪世界的一種方式，但要說清會計用什麼邏輯描繪世界，就不是容易的事了。

跳出會計看會計

我們知道，會計的定義是「以貨幣為計量單位，核算與監督資金運動，提供信息的經濟管理活動」。但在貨幣出現之前，在沒有資金運動的人類活動時期，會計功能就已出現。

根據會計定義本身，很難解釋清楚會計描繪世界的邏輯，如果我們深挖這個問題，就會變為「如果沒有會計，人類社會能否正常運轉?」

「會計」當然不是人類生存的必要因素，同樣，很多理論、學科、知識都不是人類生存的必要因素。

如果在當下，與會計相關的所有工作都不存在了，人類社會的經濟體系，估計也會就此崩塌。所以，當經濟活動複雜到超出人腦運算、理解和記憶的極限時，「會計」自然就成為人類活動的「必需品」。

一項人類生存的非必要的內容，成為社會運轉的基本要素，體現了人類不斷探索未知，通過理論和技術推動社會進步的過程。

所以，會計是「被重要」出來的實用功能，是「被抽象」出來的理論學科，會計描繪世界的過程，是以「數」為載體，通過記錄經濟活動「量」的變化，反應經濟活動的原貌。

亞洲金融危機后，聯合國在《會計披露在東亞金融危機中的作用：吸取的教訓》這一報告中提到：「缺乏透明、可靠和可比的會計信息是東亞金融危機產生的重要原因。」意思就是，會計信息反應的「事實」和經濟活動實質的差異太大，誤導了經營、商業和金融活動，由此引發了危機。

這就是會計信息「背離經濟活動原貌」的嚴重后果。

現在看來，上海國家會計學院「不做假帳」的校訓，其內含的深意，幾乎就是會計存在的唯一理由。

有意思的是，非財會行業的人很難理解，「不做假帳」是多麼簡單的工作要求，為何會計人員總抱怨工作多、壓力大？通常，會計工作體現為「報銷記帳」「報稅做表」，要做到「不做假帳」確實簡單，但這些不過是會計工作的形式，其實質是確認、計量、記錄和報告。

「確認」是以會計標準描述經濟活動的過程，「計量」是用數量的方式抽象表達經濟活動的過程，「記錄」則是歸類劃分經濟內容和經濟活動的過程，「報告」則是展現經濟內容價值變化的過程。

這四件事都是為「還原經濟活動原貌」這一目標服務的。

我們以案例來詮釋會計工作的這四個程序。

王老板賣礦泉水給張老板，雙方簽訂合同后，張老板預付3萬元，約定

第一章　著眼當下，做一個面向未來的會計

一個月后送貨，年底再付余款 7 萬元。王老板認為收到的這 3 萬元就是收入，年底收回 7 萬元時，再增加 7 萬元的收入。

但在會計看來，現在收到的 3 萬元不是收入，因為，礦泉水還沒送出，萬一張老板改主意不要了，這 3 萬元最終將不屬於王老板。只有礦泉水發出后，與之相關的風險和報酬轉移給了張老板，才能確認收入。

王老板和會計對同一個事情的看法，相差如此之大，誰的說法是對的？在王老板看來，每一筆都是實實在在的交易，清清楚楚，沒有問題。但王老板的會計以會計準則的標準確認經濟活動，也沒問題。

會計人員是在會計準則的「價值觀」下，以會計的規則，描繪經濟活動（商業活動、經營行為）。「確認、計量、記錄和報告」是會計描繪經濟活動過程的經驗總結和一般原則，當「確認、計量、記錄和報告」成為具體的標準和規則后，又有可能與經濟活動發生衝突。

好比案例中，王老板和會計相互矛盾的觀點。

正是因為人類活動無法窮盡的各種可能性，會計準則才需要不斷修訂和補充，這種「打補丁」式的自我完善方式，正是為了擴大會計準則的邊界，盡可能地涵蓋不同經濟活動的所有特質。

人類對「會計」的運用，自舊石器時代就已開始，原始人以簡單刻記、繪圖、記事等方式，記錄內容和數量的變化，以彌補人腦記憶的不足。在會計的演進過程中，計量、核對、報數等內容的會計功能，伴隨人類活動持續至今。

會計最早是為滿足「記事本」「備忘錄」的功能需求出現的。實物記事、繪畫記事、結繩記事、刻契誋中，都是具體的計數和計量方法。

這其中，最特別的是「結繩記事法」。傳說「結繩記事法」是伏羲氏通過結繩記數的方式，管理部落生產及日常生活的工具。雖然結繩的操作很簡單，但其內含的計量和記錄的原理，却比實物記事、繪畫記事和刻契誋中要複雜得多。「事大，大結其繩；事小，小結其繩」的計量特徵，類似於現代會計信息的重要性要求。

我們穿越歷史，迴歸會計的本質，當年結繩記事的伏羲氏和現代身處辦公樓裡的會計，二者從事的工作沒有任何差別，都是從事計量、記錄內容和數量變化的腦力活。

顯然，在體力勞動為生存前提的原始社會，從事結繩記事工作的就是「金領」階層的員工，他們的勞動強度低，常伴老板左右，從事的還是「管

跳出會計看會計

理」工作。

什麼樣的人會被安排到如此重要的崗位？

無奈筆者沒當過部落首領，也沒有當部落首領的朋友，但我們可以從工作內容推斷一個大概：

任職條件一，手要巧，繩結要打得又快又好。

任職條件二，記憶力要好，能清楚記得繩結記錄的內容。

任職條件三，智商要高，可以根據經濟內容確定結繩的大小。

任職條件四，學習能力要強，宰殺牲口和交換物品是不同的業務，必須快速理解才能結繩。

任職條件五，職業操守要好，成年的牛和初生的牛，在繩結的大小上必須有差異，要體現會計計量客觀公允的原則。

任職條件六，情商要高，常伴領導左右，如果情商不高，怕是干不了幾天。

可以看出，原始社會「會計」們的專業勝任能力和任職要求，一點也不比現代會計的差，說會計是一門古老的職業，確實有歷史淵源。

后來，隨著人類活動範圍擴大和內涵加深，出現了以文字（圖形、甲骨文、象形字等）形式刻記在可收藏保管的實物上，並可供查閱使用的「書契記錄」。「書契記錄」的操作模式體現了「連續、系統、全面地記錄、反應和監督經濟活動」的特徵。

不論結繩記事還是書契記錄，都是為了盡可能完整地記錄和反應經濟活動的原貌。

原始社會的經濟活動簡單明瞭，結繩、畫圖、刻契都能滿足描述經濟活動的需求。到了夏、商、周時代的奴隸社會，簡單計量、記錄的會計功能，不再滿足經濟活動的需求，計量和記錄技術的落後，成為會計發展的重大障礙。

西周時期甲骨文開始向鐘鼎文升級，文字的出現和發展，為會計抽象地描述經濟活動創造了可能。人們採用文字、數字、計量單位相結合的方式，完成記錄工作，並分類「收」「支」，會計簿記開始向單式簿記的方向發展。

伴隨簿記技術的進步，西周出現了最早的會計機構，「司會」為機構最高長官（相當於現在財政部部長），下設職內、職歲、職幣等崗位，分別負責財政收入、支出和結余的登記和核算，「司會」總管全部會計帳。這樣的崗位設置，與現代企業財會部門收入核算崗、成本費用核算崗、匯總會計崗

第一章 著眼當下，做一個面向未來的會計

的分類方式非常相似。

在西周還出現了「宰夫」這一官職，粗看還以為是刑部官員，其實不然，「宰夫」的職責是考核百官治績，並兼負責檢查「司會」工作的職責。

「宰夫」職責的出現體現了「內控」的推廣和應用，也就是說，在西周，考核監督成為會計職能的一部分，會計不再只是單純的計量和計數工具，開始具有管理功能，成為控制和影響經濟活動的工具。

不止限於會計機構和簿記技術的進步，西周還建立了配套的財計制度，有名的「九府出納制度」「九式均節財用」便出自這個時期，說起來有點拗口，翻譯成白話文就是，按照收入類型匹配對應支出項目，即多收就多支、少收則少支。

關於「九府出納制度」「九式均節財用」對后世的影響，我們這裡多說兩句。這兩個制度都是財務收支管理的具體方法，其「政在節財」「崇尚節用」的思想，對后世財務管理影響頗深，以至於現代企業的成本管理，都將財務視為重要的控制手段和管理工具。

實際上，決定企業成本的核心要素是生產技術、營運能力和商業模式，財務當然能發揮成本管控的作用，但並非決定性要素。

既然如此，為什麼以「九府出納制度」「九式均節財用」為代表的管理思想，能在封建帝國的財計制度中存在幾千年？

因為「九府出納制度」「九式均節財用」是「官廳會計」下產生的財計制度。「官廳會計」的根本邏輯是政治，而政治關注的是如何「分配」的問題，與經濟關注如何「賺錢」的邏輯完全不同。

同時，農耕經濟時期的生產力極為有限，不可能在短時間內，驟然提高生產力以擴大收入。因此，嚴格按照收入的多少控制支出，是最直接有效的管理方式。

但凡事都有兩面性。偏重「節流」的財計制度難免忽視「開源」。

中國官廳會計的先發優勢，極大地影響了民間會計的發展。以經濟活動為基礎，以收益最大化為目標的民間會計被大量植入官廳會計「重在節流」的財務管理思想。

為什麼會計總被認為過於謹慎？為什麼財務管理時常制約經營，而不是有力支撐業務拓展？

這些問題，我們從會計發展的歷史軌跡裡，就能找到答案。

到了春秋戰國時期，奴隸社會向封建社會轉型，生產力和文明程度快速

5

跳出會計看會計

提升，但「各國」會計簿記的形式和標準大相徑庭。常出現趙國會計看不懂楚國的帳，楚國會計看不懂齊國的帳，這對國家集權統治來說，管理成本實在太高。舉例來說，統治者要想知道全國財政收入情況，還得先完成一次「匯兌損益」和「會計政策」調整的工作。

秦始皇一統天下後，依靠行政手段，強力推行統一規範的記錄規則，並規範會計記錄的內容和形式，形成相對統一的簿記方法。用文字或圖形敘述式的記錄方法被逐步取代，以「入、出」為符號的會計記錄開始出現，會計信息的可比性、可理解性在這個時期初露端倪。

這一切都為「定式簡明簿記法」的出現建立了現實基礎。

所謂「定式」，是指核算規則、形式、標準相對統一。所謂「簡明」，是指用標準化的會計要素、記錄方式取代文字敘述方式，解決了記錄繁瑣且不易理解的問題。

首先，定式簡明簿記法算是第一個在國家層面推廣的簿記方法，其作用類似於現在的會計核算規範。

其次，雖然直出直入的單一會計記錄方式，無法完整反應經濟業務的邏輯，但其為後來的借貸記帳法奠定了實務和理論的基礎。

最後，定式簡明簿記法採取序時流水式的方式，按對象歸類、分項核算。雖然，按主觀意志或自然屬性的分類方式仍不夠科學，但較為統一、標準的簿記形式，有利於信息的傳遞和使用。

簿記方法的進步當然有利於服務經濟建設，但在秦朝後期大規模、大範圍同時開工特大型建設項目，在生產力極為有限的時期「以支定收」，依靠暴力機構橫徵暴斂，導致秦朝最終被推翻，西漢政權開始建立。

秦朝後的西漢政權，力推休養生息政策，生產力得以恢復，締造了「文景之治」的繁榮景象。

經濟一繁榮，會計就發展。

國家層面的財計制度逐步豐富和完善，出現了編戶制度（一種賦稅制度）、上計制度（相當於地方政府工作報告和預算執行情況報告）、專倉儲備制度（國家儲備糧管理制度）和財政收支制度等財計制度。

這期間的官廳會計憑證開始有序編號，「入」「出」作為簿記符號通行一致，「收」「付」作為簿記符號也在民間出現，西漢時期的簿記形式體現了簡要、明確、完整的特點。

西漢時期的財計制度和財政管理，彰顯出科學性和系統性，但西漢時期

第一章　著眼當下，做一個面向未來的會計

郡縣和封國並存的「郡國制」，賦予地方過多財政權（封國享有地方稅收），以致后期形成龐大的既得利益集團，動搖了國家根基。

也就是說，西漢時期的財政授權體系和權力分配機制出了問題。而對現代財務管理來說，如何處理財權的集中和分配，也是個難題。

西漢政權后，封建社會進入政權更迭最為頻繁的魏晉南北朝，在 369 年的時間裡，只有 37 年時間國家統一。這期間更迭的朝代和國家多達幾十個。不光中原政權，在北方地區也是政權紛立，史稱五胡十六國。

魏晉南北朝雖然承襲漢制簿記方法、財計制度和機構設置，但實際執行時却有名無實，甚至完全放棄了「量入為出」的基本原則。總的來說，魏晉南北朝時期的財政支出，主要就是兩項，一是和別國干仗的軍費支出，二是統治階層的個人消費。

封建時期的財政收入來自田租、口賦（人口稅）、力役（免費使用勞動力）。因為政權極不穩定，魏晉南北朝時期普遍存在農田荒蕪、人口流失的情況，所以，國家主要的財政收入來源根本沒有保證。迫於無奈，這期間的財計制度，以擴大經濟流入為核心，以適應環境變化為原則，統治階層開始適度放松國家財政管理權。

魏晉南北朝時期的國家財計制度形式上很混亂，是因為相對於西漢時期穩定的政權，魏晉南北朝的國家治理環境，根本沒法推行標準化、規範化的財計制度。

財計制度本身不存在好壞對錯的區別，適不適用才是關鍵。

著眼當下，我們常困惑於什麼才是完美的財務流程和管理制度。從歷史的經驗來看，決定財務管理體系和具體內容的關鍵，是市場環境和經營規律，而「完美」的管理制度，是建立在眾多假設之上的最理想狀態。

如果缺乏對環境因素的考量，制度越「完美」，效果反而越差。

縱觀整個魏晉南北朝時期，政治是混亂的、經濟是倒退的、戰亂是不斷的、文化是自由的，混亂瘋狂的魏晉南北朝結束后，迎來了存在時間最短的王朝——隋朝。

隋朝國祚 38 年，在如此之短的時間裡，隋朝却創造了封建經濟的高峰。史載：「中外倉庫，無不盈積。所有賚給，不逾經費，京司帑屋既充，積於廊廡之下。」

意思是說，儲備物資的倉庫塞得滿滿當當，不論賞賜還是耗用都不會超支，京都存放金銀財寶的房子堆滿后，還有很多積壓在房屋四周的走廊中。

跳出會計看會計

更誇張的是「所有資給，不逾經費」，也就是說，想做什麼就做什麼，根本不用考慮錢的事！

隋朝這麼富是有道理的，核心在於財政和財計制度很給力。概括起來，有三方面的突破：第一，切分士族門閥一部分土地交予農民，同時，將生產工具（牛）還給農民；第二，根據人口普查數據，制定與人口相關的賦稅制度，以此，在擴大財政收入的同時，降低個人賦稅壓力；第三，建立儲備糧制度，價高時放糧，價低時收糧，確保谷貴不傷民，谷賤不傷農。

財計制度一給力，生產力得到解放，經濟收益自然就迅猛上升。三管齊下，短短十幾年，成就「古今稱國計之富者莫如隋」的美譽。

「會計叔」：這一時期的會計發展史對我們的啟示是，只要把握經濟規律，制定恰當的財務制度，激發和推動經營的活力，一定能創造價值。

「算盤哥」：會計是價值的管理者，也是價值創造的參與者，這其中最重要的工作，就是制定和運用能夠提升生產效率的財務制度。

在會計簿記技術方面，隋朝時期的會計簿記，開始推行「入、出、余」三柱式簿記方法，但沒有其他實質進展。真正對會計發展有重大影響的是，隋文帝重新規範了度量衡標準，包括統一幣制和重量標準。

上次做這個事情的是秦始皇，目的是為了國家管理，而這一次，是為了規範市場。

古時的會計計量標準，包括貨幣、實物（物資的重量）和勞動（工作時間、工作量）三個維度。作為會計，我們都知道，存在多種計量標準的情況下，核算時很難準確定義核算對象，極易造成會計信息失真。

隋文帝統一和規範計量標準，對會計發展的推動意義可見一斑。

隋朝在國家財政制度變革方面大有作為，其累積的龐大財富為唐、宋時期的會計發展，奠定了經濟基礎，創造了商業環境。

隋朝之後的唐朝，代表了封建文明的最高水平，其時，國家統一、經濟發達、文化昌明、國力強盛。「貞觀之治」「開元盛世」更是封建政權處於巔峰的代表時期。

第一章　著眼當下，做一個面向未來的會計

　　漢時的財計制度和財政體系，具有規範、統一和體系化的特徵。唐朝的財計制度和財政體系也展現了同樣的特徵，並在財務機構設置、風險控制和資金管理等方面，有了長足的進步。

　　最具創新性的是在財務機構設置方面。唐朝時設立戶部，分管財稅工作，戶部下設度支部負責預算、核算和考核，金部負責錢、帛收支等具體工作，倉部則負責糧谷出入庫的管理。

　　這種基於帳、實分離原則的職責劃分，有利於強化財產物資的專業化管理，這在當時是非常先進的。

　　更先進的是，唐朝正式確立了國家層面的會計法律法規，如發現記帳、戶籍和會計報告不實，會予定罪。唐朝雖然不是第一個對會計記錄、簿記規則，提出具體要求的朝代，但《唐律疏議》是以法典形式出現的，而主編長孫無忌，是唐太宗任命的宰相，雙方還結有姻親關係。言外之意，這是一部高起點，有強大政治資源做保障，可以落地，並能強有力推行的法律。

　　唐朝統治者不僅在法制層面對會計工作提出規範性要求，還高度關注會計人員的執業能力。中唐時的戶部侍郎劉晏（相當於現在財政部長、稅務總局局長外加農業部副部長），對會計職業勝任能力提出「通敏」「精悍」「廉勤」的執業要求。

　　一個國家部級官員，專門對會計工作提出要求，說明了兩點：第一，會計工作對國家經濟的影響重大；第二，當時的會計行業已有相當規模。

　　從唐朝開始，簿記方法體現出專業化的特徵。這時期的帳、簿已有區分。「簿」登錄各種財、物變動（相當於核算憑證、流水帳），「帳」則按「簿」的類別分類歸集（相當於明細帳、總帳）。

　　帳、簿功能的分離，在中國會計發展史中，具有劃時代的意義。

　　更具劃時代意義的是「利潤」概念的出現。「利潤」是我們現在司空見慣的報表項目，可在當時，却是開天闢地的大事，因為這是首次體現出會計核算的對象是有價值的內容！這是以前從未出現過的概念，會計從「計數」層面，上升到價值計量的層面。可讓人費解的是，「利潤」項目出現自唐朝的官廳會計，而非民間會計，這確實有點出乎意料。

　　唐朝時期的簿記技術，沒有根本性的變化，仍然承襲「三柱結算法」，唯一的變化在於會計記帳的工具和方式——唐朝開始以貨幣計量的方式記帳了！

　　唐朝的「兩稅法」實施后，實物地租變為貨幣地租，國家收入開始以貨

9

跳出會計看會計

幣形式體現。同時,唐朝經濟發達,政治穩定,發行了「開元通寶」銅錢(中國歷史上幣值最穩定的銅錢),並且唐后期銅錢與白銀同為金屬貨幣,大幅擠壓實物貨幣的用量,復本位幣具備了大範圍、標準化使用的基礎。

既有強大的經濟支撐,又有貿易結算貨幣的保證,貨幣計量方式具備了廣泛推廣的基礎。

我們知道,貨幣計量是會計專業化發展的前提條件和基礎,其意義堪比簿記技術和方法的進步。

在唐朝,專門的「會計報告」也初具雛形,編製方法、內容、規則趨於統一和規範,分為日、旬、月、季、年,五個時點,前三種重在反應財物收支情況,后兩種則全面反應出、入、余的內容。

伴隨會計報告的運用,還出現了國家層面的財務專業報告。唐代李吉甫撰寫的《元和國計簿》被認為是最早的會計專著,其中大量運用了數據分析的方法。此書共十卷,其內容與數據高度相關,在沒有統計軟件、數據庫的年代,完成此書實屬不易。關鍵是筆者的身分——李吉甫是唐憲宗的宰相。可想而知,唐憲宗對這本書的創作應該是大力地支持了一把。

「會計叔」:看來唐朝的統治者很重視會計信息和信息的應用。所以,當會計的朋友,天天和數據打交道,寫點分析報告什麼的,確實很有必要。

「算盤哥」:從唐朝開始,會計從單純的計量和記錄功能,向決策所需的分析功能發展,會計工作的邊界進一步擴大了。

估計李吉甫編寫的《元和國計簿》被狠狠地表揚了一番,唐文宗的宰相韋處厚又編寫了《大和國計》,這次一口氣寫了 20 卷,比《元和國計簿》整整多了一倍,結構、內容與其差不多,也是早期的會計著作。

到了宋朝,更是一發不可收拾,類似的如《景德會計錄》《祥符會計錄》《皇佑會計錄》《紹興會計錄》等與會計相關的著作,出版了十幾種。這一時期也是商品經濟異常發達的年代,著名的《清明上河圖》,就突出反應了當時繁榮昌盛的城市生活。

「經濟越發達,會計越重要」,這一定論在現實中得到反應。

第一章　著眼當下，做一個面向未來的會計

宋朝商品經濟的繁榮，有力地促進了民間會計的發展，而這一時期的官廳會計，卻只能用「糾結」來形容。

宋時期官廳會計糾結的根源在於政權的「不安全感」。

自宋太祖「杯酒釋兵權」以後，歷代宋朝執政者的核心工作就是確保中央的集權統治。中央集權的核心基礎是財權集中，所以，唐朝歸屬於宰相管轄的戶部職能，劃歸「三司」（包括鹽鐵、度支、戶部，相當於財政部、稅務總局、農業部和民政部），而三司聽命於皇帝。

看起來，沒什麼問題，其實，問題很嚴重。

因為皇帝對「三司」擁有絕對的控制權和決策權，但皇帝不從事具體的工作，還得委託第三人──宰相，可宰相既沒有決策權也沒有控制權，面臨事權和財權相互割裂的尷尬。后果自然是，辦事效率大幅降低，而財務審核工作也變得異常麻煩。

為了解決這樣的麻煩，宋太宗設置了「總計司」（專門的審計復核部門），這樣一來，更是機構重疊、流程冗長。不到一年，又走回老路──復設三司。

於是，接下來的108年裡，機構是設了撤、撤了設，反反復復沒個定準，直到王安石變法，設置「三司條例司」（推行改革的總結構），將鹽鐵、度支部、戶部三機關合併為一，劃歸宰相統管財計大權。可惜的是，仍然沒有解決問題，並再次落入機構重疊的「死循環」中。

再后來，由於實在折騰不清楚，同時也折騰了不少事出來，乾脆不折騰了！直接恢復唐朝的三省六部制，還是由戶部來管。

結果，事情又鬧大了。

由於長期的機構調整，財權、事權相互交叉重疊，是剪不斷理還亂，國家財計大權變為皇帝管一部分、宰相管一部分、戶部管一部分。

各位會計朋友一定知道財權分屬而不集中的種種惡果。權力和責任、權利和義務，「責、權、利」本該高度相關的三者相互隔離，最終導致宋王朝集權統治的乏力。

宋朝財務機構調整的過程如此折騰，實在讓人揪心，但對后世如何設置財務機構卻有重要啟示：為了「理想」的財務組織形式，貿然改變既有狀態，往往適得其反。

有些時候，不折騰反而是最好的「折騰」。

宋朝在財務機構設置方面問題重重，在會計簿記發展方面卻卓有成效。

跳出會計看會計

宋朝的官廳會計開始運用兩聯式原始憑證，一聯由當事方留存，一聯作入帳憑據，並與其他經濟檔案一併交由專人常年保存。同時，分別設置草流（會計分錄內容）、細流（按日序時帳）和總清（分類核算匯總帳簿）三類帳簿，分工明確、層次清晰。

值得標榜的是，宋朝開始啟用「四柱結算法」（期初結余+本期增加−本期支出=期末結余的計算公式），這一方法有效降低了因新舊帳目混淆而發生貪污盜竊事件的概率。「四柱結算法」出現后，便形成了后期歷代記帳方法的基本邏輯，著名的「龍門帳」就是「四柱結算法」的升級版。

有意思的是，宋時的會計工作具有強烈的人文情懷。蘇軾、王安石、曾鞏等眾多文豪巨匠，紛紛提出觀點鮮明的財計制度。也正是從這個時期開始，中國與歐美國家的會計發展出現了根本性的差異，二者開始朝不同的方向演進。

我們知道，自宋開始，歷朝歷代一直沿用單式簿記法，而在13世紀，復式簿記法開始在義大利廣泛的使用。為何簿記概念最早出現在中國，而復式簿記法却出現在歐洲？

有觀點認為資本主義萌芽出現在歐洲，經濟發展推動了簿記方法的發展。但資本主義萌芽是14~16世紀之間的事，而復式簿記在13世紀就廣泛地使用，況且，這一時期中國的經濟體量遠超他國，這一說法顯然不成立。

所以，復式簿記法最早出現在歐洲的原因很可能是——純屬偶然。

1494年，一本名為《算術、幾何、比及比例概要》的著作，系統性總結了復式簿記理論，本書的筆者盧卡·巴其阿勒，是位數學家，也有認為其是思想家的，總之不是會計學家。

后世的數學家凱利對復式簿記原理的評價是「像歐幾里德的比率理論一樣，是絕對完善的」。復式會計簿記就是在如此嚴密的邏輯推演下形成的，此后的會計記帳方法和處理規則，都以此為基礎衍生發展。

但為什麼說這是偶然發生的呢？有三個理由。

理由一：文藝復興時期的歐洲，科學精神成為一種思潮，在當時，研究數學甚至成為一種時尚，尊崇科學精神的歐洲人民對任何涉及「數」的事都抱有濃厚的興趣。

理由二：那個時候研究數學還不是專門的職業，需要靠其他營生養家糊口。

理由三：盧卡·巴其阿勒年輕時在商人家庭作坊當學徒，這期間，對威

第一章 著眼當下,做一個面向未來的會計

尼斯商人們廣泛採用的復式簿記法進行了多年的研究。

於是,科學精神+案例(經驗)累積+數學方法=復式簿記原理。

這就是「純屬偶然」的原因,但偶然性的底層代碼是必然性。好比文藝青年和理工學霸的區別,在充滿文藝氣息的宋朝,確實沒有研究具有科學精神的復式簿記法的氛圍。

「會計叔」:所以,頗具人文情懷的宋朝會計們,失去了從量變到質變的歷史機遇,中國的會計簿記方法繼續在單式簿記法的框架下奮力前行。

「算盤哥」:中國的會計發展更多的是自發性的經驗總結和修補式的技巧完善,多少缺乏點嚴密的邏輯推演,從單式簿記升級為復式簿記,光靠時間的累積難以實現質變。

在失去簿記方法升級發展機遇的宋朝之後,元朝的會計發展呈現出三個特徵:第一,財計組織方式極其簡陋,后期基本失控;第二,經濟發展脫離農耕經濟的基本形態,官廳會計失去發展的基本條件;第三,民間會計略有進步。元朝時期的會計發展,基本可以用八個字來形容:按部就班、毫無亮點。

轉眼來到明朝。明朝的財計制度很簡單,就圍繞一個核心——中央集權,由皇帝直接控制的中央集權。所以,明朝財計組織中的委託—代理關係大大減少,監督監控職能大大增加。

究其原因,與洪武大帝朱元璋的成長史密切相關。看來,一個公司財務管理的風格,基本取決於「一把手」的個人風格。

所以,明朝官廳會計的特點就是「嚴」,出其不意的嚴,其經典之作就是明初三大案中的「空印案」。簡單地說,就是國家每年關於預算執行的審計工作,因為其制度設計過於嚴苛導致了「舞弊」事件,因此,從中央到地方誅殺官員幾百人,還連坐了幾萬人。

整個明朝時期的財計制度、記帳方法體現出三個特徵:一是會計報告的格式和內容高度統一;二是審核內容細化到了「駭人聽聞」的程度,而且審核的程序也是異常嚴格。

明朝的官廳會計雖然沒有創新的空間,民間會計却發展迅猛。在明朝中

跳出會計看會計

后期異常開放的政治環境和自由的市場環境中,民間創新精神空前高漲,龍門帳(有人認為是中國的復式簿記法)出現並成型,這一時期甚至還出現了「帳房」這種專業性的民間會計組織形式。

明朝之后的清朝,封建帝國的財計制度經過幾千年的累積,達到前所未有的高度,從中央到地方搭建起由財稅、會計、國庫、出納構成的經濟監控系統,形成了條線與模塊相結合的財計組織管理體制。而這種體制,也深刻地影響了民間財務組織的形式,現在廣泛存在的科層式組織架構,承繼的就是這種模式。

同時期的民間會計,以「錢莊會計」的發展為代表,出現了「四角帳」復式帳簿,在成本結轉、盈虧平衡、結帳編製等方面與西式的復式簿記法有許多共通之處。

可以看出,清朝的官廳會計和民間會計的發展,同時達到相當高度,特別是民間會計,不管是發展速度還是高度,都是前所未有的。

「會計叔」:截止到清朝,我們算是淺嘗了近代以前的中國會計發展的概要。這裡有個問題值得思考:以「入」「出」為會計要素的簿記方法從出現一直到19世紀共計2,600年的時間裡,我們都沒有升級到復式簿記法,時間都去哪了?

「算盤哥」:這是非常有意思的問題,2,600多年,這個量變到質變的時間,確實太長了,最終,我們還是從國外引進了復式簿記法。

單式簿記法在中國沿用這麼長時間,却未能升級為復式簿記法,個中原因眾多且複雜。根本在於農耕經濟時代下的簿記方法缺乏技術進步的內生動力。

因為農牧經濟基本是自給自足的生產方式,經濟活動範圍小、內容簡單,單式簿記法完全能勝任記錄和管理經濟活動的需要。而歷代封建統治階層的主流意識,是不允許商業活動大範圍開展的,「重農輕商」的國家意識,限制了商業經濟的發展,復式簿記法缺乏外部環境和現實基礎。

同時,封建王朝中央集權式的統治,形成了經濟集中的財計管理體系,經濟管理方式對更複雜的簿記技術完全沒有需求。官廳會計沒有復式簿記技

術的需求，民間簿記又缺乏復式簿記發展的環境。所以，單式簿記法才會一路高歌、不斷前行，直到復式簿記法從國外傳入。

至此，我們大致瞭解了中國古代簿記技術和財計制度的演進過程。研究歷史是為了看清現實，從會計發展的脈絡中，我們可以得到七項啟示。

啟示一：會計是一種古老又新興的行當，只要有人類活動存在，一定就有對會計的需要。

啟示二：會計是一門只能修補式完善的學科，就像物理學三大定律一樣，其基本的原理和邏輯都已確定。

啟示三：會計是需要不斷創新和豐富的工作，工作內容包括計量記錄的方法、統計分析的應用、管理控制的工具⋯⋯

啟示四：會計是不可或缺的部門，特別是在專業性不斷增強、應用程度不斷加深、會計理論不斷完善的大趨勢下。

啟示五：會計是一門兩極分化極為明顯的職業，年薪 30 萬元和年薪 3 萬元都可能出現在這個行業裡。

啟示六：如果我們正從事會計工作，以上五項中與年薪 30 萬元相關的是內容是三和四。

啟示七：要當一個年薪 30 萬元的會計並不難，只要接著看完本書后面的章節，就能找到突破的方向。

第二節　會計的邊界與內涵
——「做一個有取捨的會計」

「算盤哥」：會計是描繪世界的一種方式，但會計描繪世界的具體方法是什麼？會計能多大程度地還原經濟活動的原貌？

「會計叔」：這兩個問題涉及會計相關的方法、功能、範圍和作用，我們將其歸納為會計的「邊界」和「內涵」兩個內容進行討論。

　　會計信息是從財務角度記錄和反應的經濟行為。作為描繪世界的一種方式，會計信息的邊界越大，反應的內容越多，越能完整地還原經濟活動。

　　會計的天然訴求之一，就是盡可能地擴大信息的邊界。而會計工作的內涵與會計工作的邊界密切相關。

　　人類經濟活動範圍不斷擴大、內容不斷豐富，會計工作的邊界隨之不斷擴張，內涵也越來越豐富。比如，預算管理、財務分析、稅收策劃等工作，就是會計邊界擴大後，不斷增加的工作內容。

　　會計工作內涵因會計工作邊界的擴大而不斷豐富，會計工作邊界因會計工作內涵的豐富而不斷擴大。會計工作邊界與會計工作內涵作為相互關聯的內容，二者相互交融，呈螺旋式上升發展。但不論二者如何變化，始終受「會計視角」「會計信息計量方式」和「會計工作位置」的影響，會計的這三個專業屬性，是會計邊界和內涵發展變化的內在基因，具有決定性的作用。

　　視角，是在某個確定的價值觀下，看待事物的角度和態度。

　　會計有沒有獨有的視角？如果有，會計的視角是什麼？

　　我們知道，最早出現的會計功能，只是簡單地記錄數量和內容的變化，這個時期，會計描繪世界的方式很簡單。在會計發展出獨立的計量標準和記錄規則後，會計工作開始按照一定的規則進行，這些規則不斷地被理論化，

第一章 著眼當下，做一個面向未來的會計

就成了規範，進一步系統化以後，就變為了我們熟知的「會計準則」。

「會計準則」統一了會計工作的基本假設和一般原則，這些理論化的假設和原則，規定了會計確認、計量、記錄和報告的具體標準，自然而然，會計工作就成了準則約束下的「規定動作」。

會計的視角，就是以「會計準則」的視角看待和描繪經濟活動。

從專業的角度看，會計準則是指導實務操作的標準；從實務的角度看，會計準則是會計區別於其他專業的「標籤」。

我們以案例來詮釋什麼是「會計準則」下的會計視角。

張老板開辦出租車公司，購買了三輛轎車，並統一配置頂燈，還成立了營運中心。年底，張老板算了一筆帳：購車花了 30 萬元，配置頂燈花了 60 萬元，營運中心一年費用 5 萬元，全年營運收入 24 萬元，所以，全年「虧損」71 萬元。

公司會計也算了一筆帳：當年的購車成本，通過折舊體現 6 萬元（按 5 年折舊），「頂燈」的攤銷費用為 3 萬元（按 20 年攤銷），加上 5 萬元的營運費用，當年公司的稅費支出 0.7 萬元（假設是小規模納稅人，不考慮稅費附加等內容）。全年合計支出 14.7 萬元。

所以，當年公司收益是：

(24-0.7) - (6+3) -5＝9.3 萬元

在張老板看來，當年是虧損 71 萬元，在會計看來却是盈利。會計的解釋是，「虧損」的 71 萬元，不是會計利潤，而是現金。可張老板總也想不明白，感覺有問題吧，但會計說得頭頭是道，好像有道理。

通過案例，我們看出會計測算盈餘的過程，就是按會計準則重新定義經濟活動的過程，特別是張老板難以理解的「折舊」和「攤銷」，就是在會計視角下，重新定義的「支出」概念。

諸如之類，很多會計概念都是通過理論假設，「人造」出來的原則和標準。所以，面對同一項經濟業務，會計的視角與老板的視角才會有天壤之別，會計按準則規範的要求，描述經濟活動得出的結論當然也就「與眾不同」。

既然會計準則中的很多內容，是理論推演得出的結論，那麼，會計準則下的「會計視角」是否客觀、合理？會計準則是否能真實、完整地反應經濟活動？

會計準則是否合理，關鍵要看會計記錄、反應經濟活動的方式是否適

跳出會計看會計

當。比如說,「折舊」和「攤銷」概念的應用,是為了反應購買出租車的支出,在整個營運期內,對公司成本、費用的影響。從這個角度看,會計視角下的成本計算過程更合理。但如果第二年,公司營運出租車的特許權被取締了,那麼,「車輛」和「頂燈」在整個經營期內攤銷的基礎,也就消失了。在這種情況下,反而是張老板測算盈虧的方式更符合實際情況。

以此類推,我們可以演繹出各種例外情況,到最後,推演的結果是,沒有一個統一的標準能用於會計工作。所有的會計信息將失去通行一致的記錄規則,整個會計信息體系隨之瓦解分裂,變為「花樣百出」的記錄內容。

請問各位,我們是情願容忍會計準則的瑕疵,按統一的標準開展會計工作,還是情願「尊重」所有個性化的例外事項,形成標準不一、千差萬別的會計信息?

我們當然只能「兩害相權取其輕」。

會計準則下的會計視角當然存有缺陷,準則無法窮盡所有情況,却能有效地反應通常的、一般性的經濟活動規律。

所以,作為會計人員記錄和反應經濟活動的標準,會計準則是明確且高效的,雖然不一定完全合理。但就算我們考慮了所有不恰當的可能,會計描繪經濟活動的一般原則仍是可信的。所以,會計準則作為會計執業的基本邏輯,在實務工作中,我們不能任意修改,只能通過會計準則規範下的會計視角,記錄和反應經濟活動。

「會計叔」:會計信息通過抽象的數據,反應經濟活動,會計準則是會計描繪經濟活動的基本邏輯,這些邏輯共同構成了會計看待世界的視角。

「算盤哥」:非會計專業的人,之所以看不懂會計,就在於無法理解會計描述經濟活動的邏輯。有意思的是,這些邏輯影響會計視角的同時,也體現了會計的專業性。

會計準則決定了會計的視角,會計看待經濟活動的標準來自會計準則。那麼會計信息計量的方式,是否也是出自同樣的原理,也是被標準所規範的內容?

我們知道,在沒有貨幣的歷史時期,會計簿記以文字或圖形的方式,記

第一章 著眼當下，做一個面向未來的會計

錄數量和內容的變化。直到「貨幣」廣泛成為商品貿易的交換媒介和計量工具後，會計信息才開始以「貨幣計量」的方式，記錄和反應經濟活動。

貨幣計量是會計信息標準化的現實基礎，沒有之一。

在公司經營中，經濟活動的業務內涵和財務內涵千差萬別，最終，兩者却能夠匯集成格式統一的資產負債表、利潤表和現金流量表。這是因為貨幣計量使不同內涵的經濟活動，具備了標準統一的數據表達形式。正是得益於此，會計信息才能通用並且可以用來比較分析，這極大地促進了會計信息的傳播速度和傳播範圍。

因為貨幣金額化的表達形式，提高了會計信息傳播速度，擴大了傳播範圍，這才提升了會計信息的使用率（注意不是「使用效率」），但正是因為「貨幣金額式」的表達形式，會計信息的可理解性也受到了限制。

因為對同一個信息，描述的方式越多樣，描述的內容越豐富，越能清晰、完整地傳遞信息，越有利於信息解讀和信息使用。

在實際使用過程中，信息的標準化和可理解性，兩者有可能相互衝突。

比如，公司提供了資產負債表、利潤表和現金流量表，報表使用者能快速獲得關於資產、經營和現金的信息，但這些信息很有限，除非附加說明，使用者很難只用數字就判斷優劣、做出決策。

在會計信息生產的整個過程中，我們先通過貨幣計量的方式，將經營活動轉化為貨幣金額化表達的會計信息，向管理層報告時，再將數字化的內容，翻譯為表達方式更形象的文字。這就是我們在財務會計和管理會計環節，對信息的不同處理方式，前者側重於信息的通用性，后者關注的則是信息的可理解性。從這個層面上看，會計既是信息的生產者，也是信息的解讀者。

會計信息貨幣計量的方式，在推動會計信息生產效率的同時，限制了會計信息的使用效率。因為有些信息很難通過貨幣計量的方式有效地反應，比如人工成本相關的信息。

對老板來說，最關心人工成本三個方面的內容：一是支付的人工成本換回勞動服務的數量和質量；二是現有人工成本能否吸引優秀的從業者；三是公司薪酬能否激發員工的生產積極性。

然而，對會計信息來說，關於人工成本的內容一般只包括：人工成本支出的絕對值、平均人工薪酬、人工成本明細結構等。

我們通過計算勞動生產率、人均收入或人均淨利潤，可以反應人工成本

跳出會計看會計

的使用效率，展現員工勞動生產效率。而老板關心的薪酬競爭力的問題，通常表現為員工入職和離職情況。這一點很難通過會計信息展示出來。至於人工成本的激勵作用，除非其他部門的配合，否則，會計信息對這個問題幾乎無能為力。

正是由於貨幣計量方式，會計信息的生產效率和傳播速度大大提高，同時，受制於貨幣計量方式的單一性，它也面臨無法反應非貨幣化信息的問題。

所以，貨幣計量方式推進會計簿記技術的發展，使得會計信息具有了通用、可比、一貫且持續的特徵。但同時，貨幣計量的方式也造成會計信息無法完整反應經濟活動全部內容的缺陷。

「會計叔」：貨幣在會計簿記中的應用，極大地解決了會計信息傳遞效率的問題，統一和規範的信息，是會計理論和實務進步的前提。但凡事都有兩面性，在效率提高的同時，會計信息能反應的內容，也受到了限制。

「算盤哥」：所以說，會計信息作為抽象表達的內容，滿足了信息傳遞效率的需求，但如何完整、恰當、合理地描述經濟活動，又成了會計面臨的另一個難題。

如果我們將會計信息比作盆景，會計信息就是按照特定標準，生產出來的，滿足特殊需求的「觀賞植物」，會計的視角和計量方式從根本上決定了會計信息的生長方式、屬性和形態。

因此，從某種意義上看，會計修飾了不該修飾的內容，是會計信息造假，而沒有洗滌該洗滌的「污泥」，它看不到經濟活動的「廬山真面目」，則是會計信息失真。

會計的視角和計量方式，是會計的內在基因，這決定了會計信息是按特定標準生產的「產品」。所以，會計只能「有限保證」信息的真實性，無法全覆蓋、無邊界地記錄和反應經濟活動。

要突破這一限制，只有改變會計工作的「物理位置」。

因為隨著位置的改變，觀察同樣一個對象，感受會是天壤之別。「不識廬山真面目，只緣身在此山中」說的正是獲取信息不全面時，就容易迷惑的

第一章　著眼當下，做一個面向未來的會計

困境。

　　財務部門是公司的后端管理部門，這樣的位置，天然決定了會計獲取信息的位置非常靠后。從經濟行為的發生，到會計信息的生成，位置越靠后，信息越容易扭曲，而會計通常處於最后一個環節，所以，會計在實務工作中經常「上當」。

　　我們都玩過傳話游戲，其規則是前面的人接受信息后，依次傳遞，到最后一個人時，要說出第一個人告知的內容。這個游戲的好玩之處在於，第一個人和最后一個人，對同一信息的描述經常牛頭不對馬嘴。而完成這個游戲最有效的方式，是接收信息的第一人直接描述，或是最后接受信息的人，跳過中間環節，直接獲取原始信息。

　　道理很簡單，實際很難做到。因為游戲的規則不允許。同樣的道理，也適用於處於信息鏈條最末端的會計，一樣面臨信息扭曲的困境。

　　從主觀來看，其中一個重要原因是我們總坐在辦公室，接收別人傳來的信息（業務信息），再生產信息（會計信息），結果淪為得到什麼信息就確認什麼信息的「錄入員」。

　　我們用一個小案例看看某物流公司的會計工作，認識一下會計工作位置，對會計信息的影響。

　　某日，公司物流一部報銷5月運輸費用8萬元，所需的原始要件齊全、憑據合規、數據準確，會計是否可以進行會計處理？在「所見即所得」的思維下，既然原始憑據齊全，當然應該入帳處理，但從經營角度看，原始憑據對經營活動的合理性、完整性和真實性，只是有限保證的證據材料。

　　如果我們將思維轉變為「所見即所需核實的內容」，就需要前置會計工作的位置，改變觀察經營活動的角度。按這個思路，處理該會計業務時，我們應首先對比物流一部上年同期成本發生額，假如上年成本是5萬元，而今年是8萬元，我們就應該確定成本上升的原因。

　　如果上年同期收入額是8萬元，今年增長到13萬元，在收入增長（業務增長）的情況下，成本相應上升，在邏輯上說得過去。要是收入沒有增加，甚至低於上年同期，會計又無法通過財務數據找出原因，就需要業務信息的支撐才能查明原因。

　　對收入不增反降，但成本上升的現象，業務部門通常會從業務量增加、市場區域擴大、產品結構調整、交付速度提高、原材料價格上漲等方面找理由。會計可以詢問營運中心（公司負責業務管理的部門），以印證成本增長

跳出會計看會計

的合理性。

如果送貨量沒有增長,是否成本增長就不合理?我們繼續諮詢營運中心,本月物流一部的業務是否還有其他變化。通過派單系統,我們看到,物流一部拓展了城區外的區縣市場,送貨量雖無增長,但送貨的地理距離增加了,進而導致運輸成本上升。

這一系列工作之後,我們總算找到當月運輸成本增長的業務動因。通過這個案例,我們看到,只有前移會計工作的位置,與具體的業務活動相融合,才能提高會計信息的真實性和完整性。

「算盤哥」:前移工作位置後,會計核算工作涉及的內容,似乎超出了核算會計該干的工作。

「會計叔」:改變工作位置,會計核算就會涉及財務分析、預算管理、成本控制和業績評價等內容,但正是這些工作,才體現出會計在價值創造過程中的作用。

我們看到,會計的邊界和內涵,受會計視角、信息計量方式和工作位置的共同影響,這三者既是會計邊界擴大、會計內涵豐富的動力,也是制約我們進一步擴大會計邊界和豐富會計內涵的阻力。

除了這三者,還有什麼會影響我們擴大會計邊界,豐富會計內涵呢?

在實務工作中,財會工作還包括:預算、分析、考核、資金、稅務和資產等內容。這種根據工作內容,對財會工作的分類,隱含的問題是:這樣的分工,是否符合會計工作的一般邏輯,是擴大還是縮小了會計的邊界?

分工作為大工業時期興起的生產組織方式,通過規模化的流水線生產,提高了單個工種的工作速度,從而提升了整體生產效率。

但管理工作和生產工作的勞動屬性不同。

我們以一個完整的財會工作流程為例。

財會工作從預算起頭,設定具體的業績指標,包括收入增長率、投融資方案、成本費用定額標準、利潤和現金流指標等內容,再細化分解為具體的生產任務。根據具體的生產任務,開展資源配置工作,將生產所需的人、財、物,按經營責任切分到各經營單元。資源配置工作完成後,業務部門從

第一章　著眼當下，做一個面向未來的會計

事具體的經營活動，在經營活動實施過程中，會計完成核算工作——確認、計量、記錄和報告經營活動。與此同時，財務分析發揮經營管控職能，與生產經營同步進行，監督預算執行和資源使用效果，並預警各種可能的風險。年末，公司以財務數據為基礎，考核各部門業績指標完成情況。

我們看到，整個財務工作，每一項內容都與具體的經營活動相互配合，出現了不同內容的財務、會計職能。

從表面上看，我們根據工作範疇、專業屬性和管理目的，確定財會工作的分工，似乎是情理之中的事。但問題就出在這「情理之中」的思維上。比如，預算是控制成本的基礎和工具，但預算工作和核算工作分離後，制定預算的人和記錄預算執行情況的人，在預算事項的管控上，存在時空差異，預算控制的效率隨之降低。

又比如，財務分析是為了及時發現風險，但最先接觸到風險內容的是核算會計，而不是負責分析的同事。

雖然工作細分有利於提高工作的專業化和精細化，但現實中，一個人能夠完成的事比分給幾個人做更有效率，很多問題，就是因為環節過多，人為折騰出來的。

專業化的會計分工，確實豐富了會計工作的內涵，卻在一定程度上，破壞了會計工作的整體性，造成會計脫離經營實際的后果，工作效率反而降低，會計的邊界反而縮小。

要破解這個難題，關鍵是突破傳統財務工作的框架，根據會計工作的邊界重新確定會計工作的內容。

首先，我們要接受會計信息天然就存在缺陷的客觀現實；其次，前移會計工作的位置；最后，以保證會計工作效率為原則，不要憑想像擴大會計工作的內涵。

（1）接受會計信息存在固有缺陷的現實，不盲求「高大全」的管理。

隨著財會專業理論的發展，諸如差異化預算管理、資金集中管控、動態資源配置、即時財務分析等管理，逐步被引入實務工作。

要說這些管理方法有用，我信；要說沒用，我也信。

因為不論多麼先進的管理方法，都需要真實、充分和全面的信息來保障。越高端的財務管理，越需要紮實的會計信息為基礎。

然而，會計的視角和會計信息的計量方式，決定了會計信息存在天然的缺陷，一味追求「高大全」的管理，就好像在沙石上建大廈，建得越高，可

能垮得越快。同時，凡是需要大量數據支撐，依靠複雜運算才能實現的管理，在實務中，都不太好用，畢竟越複雜的東西越生僻，而生僻的管理往往不能被有效執行。

筆者曾參觀某大型農產品公司，該公司經營流程長、流通環節多、產品覆蓋面廣，但公司的管理內容並不複雜，就集中在三個方面：一是帶動周邊村民「共同富裕」，避免公司與農戶產生利益衝突；二是強化與渠道經銷商的合作，不斷提高存貨週轉速度；三是爭取農業相關的優惠政策。而公司財務管理，無非是與原材料，產品相關的進、銷、存以及應收回款等基礎工作。參觀結束時，公司財務經理却諮詢了一個問題：「如何運用EVA（經濟增加值）開展財務管理？」因為EVA（經濟增加值）是「投資回報率」減去「綜合資本成本」後的結果，而「綜合資本成本」要考慮股東權益的投資回報率。

問題就在於此。這家公司的股東人數不少，結構還很複雜，為了計算EVA，去激活所有股東對公司回報的疑問和訴求，這有些讓筆者困惑。

財務經理之所以關心這個問題，是老板希望財務在推動公司價值增長方面多下功夫，於是，選擇了EVA這個「先進」的理念作為突破的方向。事實上，這家公司根本用不上EVA，日常管理才是重點，而核心則是在簡單重複的工作中，保持足夠的敏感和細緻。

「會計叔」：好在這家農產品公司「迷途知返」，沒有朝錯誤的方向越走越遠。其實，會計工作的內涵並不高深，會計的創新還在於如何「接地氣」。

「算盤哥」：這位財務經理勤於思考的態度還是值得我們學習的，其實，要做好會計工作，就八個字——實事求是、求真務實。

（2）只有前移會計工作的位置，才能生產有價值的會計信息。

很多專業能力超群的會計，空有一身技藝，却不能馳騁職場，最大的用處只是編製一份「漂亮」的年報。在公司領導和部門同事眼中，會計成了簡單的數據統計工作。造成這種現象的主要原因在於，會計總是坐在辦公室，

第一章　著眼當下，做一個面向未來的會計

被動地接受業務信息，再加工生產會計憑證。這樣的工作方式，當然無法提供真實、全面的內容，更談不上運用會計信息，推動價值創造。

如果別人給什麼，會計就生產什麼，會計信息就失去了存在的意義，會計人員就淪落為「數據錄入工」。

我們當然無法改變會計準則，不能完全擺脫會計工作的時空限制，但我們不能一味地「盲從」，要學會捨棄對效率有拖累的工作內容，嘗試改變工作位置，突破影響信息真實性和完整性的障礙。

所以，會計職業素養要求我們具備質疑的精神和懷疑的能力。「質疑」應該是我們看到業務信息時的第一反應，但「質疑」是有依據的適當懷疑，如果沒憑沒據地胡亂猜疑，那叫找茬。

我們通過前置會計工作的位置，掌握公司業務經營規律，以業務信息為線索，充當「搜索引擎」外加「人肉搜索」，驗證業務活動的真實性和合理性，才能生產有價值的會計信息。

「算盤哥」：坐在辦公室當會計，時間一長就成了「數據錄入工」。如此一來，會計支撐經營、服務管理的功能，就成了水中月、鏡中花。

「會計叔」：前移會計工作的位置，就是要「走出門」從事會計工作，前移會計信息生產的位置和環節，才能生產有價值的信息，這是會計工作創新突破的關鍵。

（3）以保證工作效率為前提，不要憑想像擴大會計工作的內涵。

大型企業的財務工作，通常呈現系統性強、環節多和層級複雜的特徵，對這類企業來說，採用更複雜的財務管理體系是情理之中的事，因為會計工作的邊界擴大了，只有豐富和完善工作的內涵，才能滿足公司對財務管理的需求。

然而，過於複雜的財務管理體系和會計工作內容，必定弊大於利，會計工作的內涵，一旦突破會計工作的邊界，不僅無益，還會降低整體工作效率。畢竟，超過自身管理需求的工作，除了增加工作量、浪費成本，還會持續不斷地消耗公司資源。

跳出會計看會計

　　會計的邊界和內涵，始終與會計信息的生產有關，與會計信息的使用有關。會計邊界過小，會限制會計工作的內涵，而過度的會計工作內容，既白費精力，又無收益。

「會計叔」：只有客觀認識會計信息的先天不足，才能摸索出提高會計信息質量的方法，各位朋友需要親力親為，真正理解了會計的邊界和內涵，才能找出合適的工作模式。

「算盤哥」：客觀看待會計信息的先天不足，正確理解會計的邊界和內涵，我們就能明確未來會計發展的方向。

第一章　著眼當下，做一個面向未來的會計

第三節　后會計時代的挑戰
——「石器時代的結束並不是因為沒有石頭」

「算盤哥」：隨著經濟的發展，會計的邊界和內涵又會發生什麼變化？會計行業的從業者該如何應對？

「會計叔」：在未來，會計的邊界向經營活動不斷延伸，會計工作的內涵將發生巨大變化，公司對單純的核算功能的需求大大減少，這是會計從業人員將面臨的最大挑戰。

　　工業革命以后，簡單計量功能的會計工作，逐漸不能滿足經營管理需求，而且繁瑣複雜的會計程序的工作量大，造成信息歸集速度嚴重滯后。

　　手工核算時期的會計工作，從會計記帳到生成報表，需要人工完成六步工作：第一步，填製憑證；第二步，登記現金和銀行存款日記帳；第三步，登記明細分類帳；第四步，登記總分類帳；第五步，核對現金、銀行存款日記帳、明細分類帳與總分類帳；第六步，編製報表。

　　作為標準的會計工作流程，程序上沒問題，問題在於，如果全靠人力完成以上內容，這些工作對會計來說，就是不能承受之重。特別是，負責登記總分類帳的會計，工作量最為繁重。

　　在純手工核算的時代，會計最害怕報表數據出現差異。因為所有單據、帳簿、報表都是手工完成，沒有 EXCEL 表又缺乏現成的數據線索。遇到數據出現差異，得順著會計程序挨個檢查，全靠手翻腦算找出差異，運氣不好時，可需要能重新查過整年的帳簿，這是要人命的事。

　　后來，為了降低核對工作量，在第四步和第五步之間增加了編製「科目匯總表」環節，報表編製前先試算平衡，鎖定可能的差異，再通過科目匯總表登記到總分類帳。這在一定程度上減輕了工作量，但也是治標不治本的辦法。

　　所以，在手工帳時期，會計的數據敏感性極強，基本能做到過目不忘，

跳出會計看會計

找差異的能力非常了得。

后來，計算機應用到會計核算以後，才算真正解決了核算工作量的問題，我們現在常說的「會計電算化」就是「電子計算機在會計中的應用」的簡稱。很多財經類院校，都開設有會計電算化專業，授課的內容非常豐富，但會計電算化理論，目前還屬於邊緣學科。

學科雖然邊緣，應用卻很主流，即使小微企業，現在也都配置了電算化的財務軟件，在一些大型企業，已上升到信息化應用的層面。

會計電算化環境下的核算工作，只需人工完成數據錄入，財務軟件根據「借、貸必相等」的原則，自動進行數據處理，避免了人為差錯。數據處理效率極高，核算工作的及時性和準確性全面提升。同時，會計人員利用計算機系統，可以輕鬆得到想要查詢和計算的數據，勞動強度大大降低。

借助計算機技術的運用，會計人員的「生產工具」有了質的飛躍，因為生產工具的升級換代，會計信息質量大幅提升，「會計電算化」對核算技術的進步，功不可沒。依託會計電算化，現在的會計人員找差錯，變得非常容易。從此，會計人員從繁重的手工勞動中解放出來，工作效率提高，工作質量大幅提升。

在一些信息化改造較為徹底的公司，會計連憑證錄入的工作都可以省去。比如，業務人員在信息平臺，錄入原始憑證的關鍵信息後，會計系統按照默認的分錄規則，自動完成核算工作，會計只需審核原始憑據即可。

會計核算逐漸成為只要能操作計算機就能完成的工作。

「經濟越發展，會計越重要」的定論，在信息技術發展的大環境下，受到極大衝擊。將來的會計工作可能會是「技術越先進，會計越不重要」，這對單純從事核算工作的會計來說更是如此。

筆者曾和某跨國財務諮詢公司負責人，討論會計人員最需要提升的專業能力。這位負責人講到了管理、溝通和籌劃能力，卻極少提及核算。

讓筆者困惑的是：一個以財務為背景的專業人士，卻認為會計核算能力不重要？

這位負責人的解釋是，信息化技術已能取代人工核算，將來，核算職能不再是公司關注的重點。而這家公司核心團隊中80%的人員，也都不是財務專業出身，而集中在應用數學、數據和軟件編程等領域。

以這家公司的財務外包業務為例，財會工作的運行體系、環境搭建和頂層設計，全部由外包的技術團隊完成。會計核算的每一步操作，都是標準化

28

第一章　著眼當下，做一個面向未來的會計

的流程，包括原始憑據審核標準、數據錄入規則、系統操作規範等，通通固化在操作手冊中。

操作層的會計人員（準確說應該是操作員），只需按部就班地照章操作即可。

這樣的會計工作模式，別說是本科生，財會專科生就足以勝任，即使其他專業的畢業生，經過簡單培訓也可以勝任。所以，這家公司在人力成本大幅下降的同時，還能充分保證工作質量。

技術進步提升了會計核算的效率和質量，現在却有可能取代會計核算工作。這在理論上成立，現實中也有實證。這樣的預期，讓從業多年的會計背脊發涼，特別是，信息化工具和系統化模塊共同構成的會計運行體系，譬如「財務外包」，將對會計行業產生極大的衝擊。

因為人類行為活動相互關聯的特性，所以，只做最擅長的事，將資源集中於核心能力，一定是明智的選擇。基於這樣的邏輯，業務外包商業模式逐漸興起，一些跨區域發展的公司，通常會採用這樣的方式經營，這有利於降低營運成本。

譬如蘋果手機的生產過程。蘋果手機界面友好、外觀精巧、功能豐富，可如果沒有富士康的工業設計和製造，沒有三星的芯片，沒有數以萬計的APP應用，就不會有蘋果手機。如果蘋果公司撇開富士康，自己建生產線、自己設計、自己生產，除了初期投入的絕對成本增加，還會面臨高額的營運費用和管理成本。更可怕的是，公司的精力和專注力一旦分散，如同行軍打仗，戰線一長，作戰能力必定呈幾何倍數下降。

「會計叔」：外包的內在邏輯是「我做得比你好，所以，交給我來做會更劃算」，但財務能否外包是有爭議的，如果將財會工作視作普通的工作內容，外包是合理的，但考慮財務是公司的核心管理職能，外包就存在風險。

「算盤哥」：兩種觀點都有道理，但從技術和成本的角度看，財務外包一點問題都沒有。我們以核算工作為例，推演一下外包后的財會工作景象。

核算工作由「原始憑據審核」與「帳務處理」兩大部分構成，財務外包后，會計核算工作移交給第三方。於是，業務人員見不到會計，會計也看不到紙質的原始憑據。原始憑據承載的信息，只能通過信息化系統歸集和傳遞，帳務處理、數據錄入工作都在信息環境下完成。

通過財務和業務的信息化系統，業務人員將原始憑據包含的，所有關於會計信息的關鍵字段（事項、金額、類型等）錄入系統，系統將數據傳遞到會計操作界面。同時，業務人員以掃描（或拍照）的方式，將原始憑據的影像數據，同步傳送到會計操作界面。最后，會計在操作界面，完成憑據審核與帳務處理工作。這就是財務外包后，會計核算工作的景象。

有讀者會說，這不是簡單事情複雜化麼？公司通過自己的財務部開展工作，不是更方便麼？

方便與否是速度問題，但考慮到成本、質量和效率等因素，財務外包的優勢就全面超越了「公司內部核算模式」。

假設，A公司有5個會計，每個會計月均人工成本5,000元，一年人工成本支出30萬元，這其中還不包括辦公支出。如果將A公司的財務外包出去，也許只需要10萬元甚至更低的費用，即可完成公司全年財務工作。

財務外包公司的成本能低水平運行，「訣竅」就在於通過人員的復用，降低了員工的平均薪酬成本。

比如，A公司的會計只核算A公司的業務，但財務外包公司的會計可以核算A、B、C公司的業務，即使財務外包公司會計的月均人工成本是10,000元，平攤到A公司也不過3,000多元。

同時，依靠財務外包流水線「生產」模式，還能提高核算的效率，財務外包自然就能實現低成本的運作。更重要的是，當A公司遇到個性化的財務難題時，可能只是財務外包公司通常遇到的共性化問題（財務外包公司有足夠的樣本量和經驗）。

通過財務外包，A公司財會工作成本在絕對下降的同時，核算質量相對提高，加之專業機構成熟的服務體系，這些優勢對老板們來說，具有極強的吸引力。特別是整個財務運行成本的降低，這簡直就是「致命的誘惑」。

當然，財務外包確實存在商業信息流失、財務數據質量（公司對財務的直接控制力減弱）降低和內部財務能力下降的問題。而財務外包面臨的另一個問題是，統一和標準化的生產模式，是否能滿足個性化的管理需求。

但另一個行業的外包模式，為我們突破這個難題找到了方向。

第一章　著眼當下，做一個面向未來的會計

「廚房外包」是餐飲行業興起的一種工作外包模式，是將餐館烹飪環節的工作，交予外包廚師團隊完成的業務形態，「廚房外包」后餐館不再保留主要的烹飪內容。所以，當我們在外就餐時，中午吃的粵菜，晚上吃的湘菜，很可能是同一個廚師團隊完成的菜品。廚房外包模式下的餐館，競爭的著力點集中於服務、價格和用餐環境，至於菜品口味，則由餐館提出需求，廚師團隊負責解決方案。

通過廚房外包，餐館可以迅速建立完善的菜品供應體系，獲得全方位、多層次的菜單內容，廚師團隊也可以突破固定於某個餐館的時空限制，獲得更多收入。廚房外包后的餐館，不再保留烹飪環節的核心部門和員工，這貌似將雞蛋放在別人籃子裡的危險做法，卻創造了更多獲利的可能，實現了共贏。

「會計叔」：照此推演，財務外包不僅可以實現核算的標準化和流程化，還可以實現定制化服務，提供滿足個性化需求的財務管理服務。

「算盤哥」：的確是這樣，有了餐飲行業的「廚房外包」為例，似乎很難想出還有什麼是財務外包的障礙。

所以，我們可以進一步豐富財務外包的工作內容：

在處理 A 公司費用報銷業務時，財務外包公司完成制證工作，再將會計信息傳遞至 A 公司出納，出納按系統確認的信息支付資金。

在處理稅務相關工作時，財務外包公司作為專業機構，具備豐富的稅務知識和技能，可以應對不同地區的稅收政策，幫助 A 公司合理籌劃稅收方案。

在財務管理服務方面，財務外包公司定期提供各類財務報告、管理和分析數據，並在 A 公司提出需求的任一時間點，向其提供財務相關的各類數據。

……

這時的財務外包公司，就成了財務信息的服務商和提供商。

形式上，財務外包取代了 A 公司會計的所有工作，實質上，只是取代了

以往公司自行完成的「數據整理」工作。將這部分工作外包，將高級財務人員從繁雜的日常工作中解放出來，有利於其從事更有價值的管理和服務工作。

「會計叔」：通過財務外包，公司可以減少從事事務性工作的會計，同時在人工成本不變或下降的情況下，招聘高水平的財務人員從事管理工作。

「算盤哥」：財務外包不光減少了會計基礎工作的營運成本，還獲得了更專業的財務服務，並騰出資源將財務引入經營過程，提升價值創造的能力。

就像機器人取代了流水線上的裝配工人，高速公路的ETC通道不需要收費員，電子郵件廣泛使用后郵遞員大量減少。所有行業都因技術進步而進步，但技術進步對行業內的從業人員，並非都是促進作用，會計行業也不例外。

我們知道：不論內容多麼複雜的生意，會計核算工作，都是核算收入、成本和費用，厘清往來收付款，審核原始憑證、記帳並生成報表。作為事務性的「案頭」工作，這些內容都可以標準化，進而流程化，而流程化的工作，完全可以通過技術手段，降低對人工的依賴。

隨著信息技術與會計工作的交相融合，在極短時間內培養出滿足核算需要的會計是輕而易舉的事。會計的「計數」功能，首當其衝地受到技術進步的影響。

以后，核算技術不再是選擇會計的首要標準。

未來的會計工作，不再依靠會計的「單兵作戰能力」，而是依託信息化工具，實現規模化、科學化、系統性的團隊協作。

「規模化」營運是基於核算工作重複性的特徵，雖然核算內容有差異，但本質一樣，對同一公司來說，只是簡單的業務疊加而已。「科學化」依靠的是專業團隊的相互協作，通過規劃財務流程，依靠系統確保核算規則落地執行。「系統性」以體系化的財務流程和核算標準為基礎，從經濟業務發生到生成憑證再到完成收、付款的整個程序，都有標準明確的操作流程、審核要求和質量控制。

第一章 著眼當下，做一個面向未來的會計

在這種方式下，依託精細化的操作手冊，經過極短時間培訓，任何人都可以成為核算能手，其工作成效甚至能媲美經驗豐富的「老會計」。

「會計叔」：假如這些都能實現，會計行業的壁壘就會被推翻了，會計的進入門檻如此之低，會計的薪酬待遇必大幅下降，我們都說財務是公司的核心，要是連工作都被取代了，何來核心一說？

「算盤哥」：其實問題不在於技術進步對傳統工作模式的衝擊，更在於我們自己如何定位會計工作。

現實很殘酷，但也談不上絕望，在「后會計」時代，除了核算工作，會計能做的事實在太多，我們應該重新定位會計工作。

從功能角度看，會計是「計數」的工具；從技術角度看，會計是歸集「信息」的工種；從經營角度看，會計是提供「數據」的平臺；從管理角度看，會計是輔助「決策」的手段；從控制角度看，會計是防範「風險」的防火牆；從部門角度看，會計是服務「業務」的后勤。

在未來，會計「計數」和歸集「信息」的功能會被技術取代。但技術無法取代需要想像力的人類活動，因為人類行為「非理性」的邏輯和信息系統的「理性」運行方式往往是矛盾的。比如，美軍通過數據模擬計算出行動預案，形成的標準化作戰手冊，可以用來應對突發情況，這好比現代版的「錦囊妙計」，但這樣的錦囊蘊含的風險實在太大。

標準是對過去事項的概念化總結，基於「標準」設定的預案，不過是根據經驗推斷出的一般假設，而經驗不過是所有可能的「樣本」展示。

這也是為什麼我們看到很多管理諮詢方案，用盡各種數學模型，統計數據計算得出的結論，看起來滴水不漏，一旦運用到經營中，卻總是各種不適應。關鍵就在於，純理性的運算過程，一旦代入不理性的人類活動「參數」時，正確的計算過程，就會得出錯誤的結論。

會計不再只是單純的核算工作，會計工作的價值已經從核算數據的準確性，向嵌入經營開展財務管理的方向轉變。

會計從來都是一門技術，現在需要成為一門藝術。

舉例來說，我們家裡吃飯用的碗是器具，製作精良一點的可作為裝飾品，要是出自大家之手會是藝術品，要是被名人用過就成了文物，要是再放上幾千年就成了國寶。

從物理形態看，碗還是那個碗。所謂藝術，不過是把簡單的事情做到極致。所以，會計也可以做很藝術的事。

我們以出納工作為例，確保資金安全、收支準確可靠，是出納工作的基本要求，做到這一步，就達到第一級——製作出一個「器具」。

但如果我們將出納工作當作反應資金運行過程的「信息端口」，就可以找到突破創新的方向。

既然出納在第一時間知道公司資金變動的情況，那麼，出納就具備了信息優勢，就可以從三個方面提升出納工作的價值：

第一，每天向老板匯報帳戶餘額、付款額和收款額，滿足老板關於資金進出情況的信息需求；

第二，統計資金收支結構、客戶分類和資金分佈等情況。比如，不同業務的收、付款情況，用於定期存款、理財產品的資金分佈情況，這些信息是用於支撐老板資金決策的重要內容；

第三，預警大額收支或異常資金事項，比如，公司回款計劃與實際收款出現偏差較大時，出納在第一時間向老板匯報，提請老板及時掌握資金相關的風險信息。

這三件事做到了，出納和「管家」還有什麼區別？誰說只有會計主管、財務經理這樣的崗位才能出彩，只要肯用心，把事情做到極致，我們都是出彩的會計。

借用出納工作，我們一起分享了在「后會計」時代，會計人員如何創新轉型，如何將日常工作做得很到位的話題。案例中的出納，把簡單事情做深做細，抱著服務的態度不斷完善工作內容，把技術性的工作也干得有聲有色。

系統、流程、標準遵從的是因果關係的邏輯，而經濟活動以關聯關係的方式展開，所有的技術都無法跨越機器和人類思維的天然障礙。所以，不論技術如何發展，終不能取代會計人員創造性的工作。

在未來，生產更準確、完整、有效的會計信息，不再是會計工作關注的重點。我們需要從信息的生產者，向信息的挖掘者和使用者轉變，會計發展的著力點，應該聚焦於挖掘和使用會計信息，並通過會計信息與經營活動的

邏輯關係，開展財務管理和支撐經營活動，以不斷提升會計信息的使用價值。會計最重要的能力，是運用會計信息描述經營活動、判斷未來趨勢、控制風險、保證經營效率的能力。

我們需要做的工作，應該是聚焦信息化技術做不好、不能做和做不了的事；將精力集中於挖掘和使用會計信息，支撐決策和服務經營。

「算盤哥」：看來「后會計」時代的到來，既是挑戰也是機遇。同樣的工作、同樣的環境，換個思路當會計，就是天壤之別。

「會計叔」：樹立「核算只是基礎功能」的觀念，找出技術無法取代的內容，我們就向前邁出了一大步。在未來，會計工作聚焦於管理和服務，最終是為了有力地支撐經營發展。而具體的路徑，就在下一章的內容中。

第二章
突破壁壘，當一個會「做生意」的會計

第一節　做會計的人要會「做生意」
—— 「不懂生意，會計不過是一堆數字」

「算盤哥」：我發現一開始從事經營工作的人，后來轉行做了會計，其晉升的速度反而快於專業會計出身的人，對此，您怎麼看？

「會計叔」：接觸過經營的人，通常都具備「做生意」的思維，更能理解財務如何支撐和服務經營，自然成長速度就快。

　　大部分從事會計工作的朋友，是畢業后直接走上工作崗位，小部分是先從事了其他工作后，再轉行做的會計，這些會計行業中的「少數派」的職位升遷，大有迎頭超越前者的勢頭，有點跨專業引領發展的意思。

　　不僅是會計行業，這樣的例子在其他行業也不鮮見。任正非出身行伍，卻引領了通信設備製造業的發展；馬雲聚焦 IT 業，卻改變了傳統銷售的商業模式。這是外來的和尚會念經，還是另有隱情？也許奧妙就在於，一種傳統更容易打破另一種傳統無法自我否定，而難以持續發展的瓶頸。

　　各行各業都有其固有的傳統。處於同一行業的公司，會逐漸表現出共性

第二章　突破壁壘，當一個會「做生意」的會計

化的特徵，這也是差異化和技術領先的競爭策略難以持續奏效的原因，其根本在於行業傳統限制了從業人員的思維。

所以，在科技創新主導的通信設備製造業，華為的軍事化管理令其風生水起；相較於傳統零售業科層式的流通模式，淘寶越過中間環節，激發了商品貿易的活力。

看起來不相干的傳統相互對撞，創造出活力四射的商業模式。創造這樣奇跡的無非兩類人，一是商界奇才，主動地結合不同傳統；二是「逼上梁山」的「困境之徒」，無奈中死馬當活馬醫，却在職場絕境中闖出一條新路。

「會計叔」：那麼，你認為會計的傳統是什麼，會計創新的訴求有哪些？

「算盤哥」：在未來，單純的核算和記帳不再是會計工作的核心，服務和支撐公司經營，才是會計未來最重要的工作。

從事會計的朋友常說，會計工作最辛苦了，記帳、報稅、付款、開票，都是會計的事情。端午節、元旦節、國慶節，通通都是會計的「加班節」。時不時還要迎接審計和稅務檢查，各種壓力，不堪重負。如果來生有得選，決不當會計！

上面是大家對會計工作的普遍感受。

筆者曾遇到一個入職不久的會計，正值年輕氣盛，還真就以這番言論，直面老板「交涉」關於工資待遇的問題。按他的口述，過程大概如此：

青年：老板，會計工作很辛苦，我申請每月調增500元工資。

老板：你想漲薪，先說說你都發揮了哪些作用？

青年：作用就是把事情都做完了，而且做得很好。

老板：做好了是本分，做不好，公司會辭退你。

青年：公司辭退我，會是公司的損失！

老板：公司再招個會計就好，有損失的主要是你。

青年：……

用四個字形容這次對話就是「自取其辱」，但年輕人無畏挫折，而且這

位青年還從老板的問題中找到了突破口——「你的作用是什麼？」聽到這個問題時，青年一定很傷心：自己都要累吐血了，老板却認為自己一無是處，老板簡直「沒有人性」！但功利地看，老板的觀點是對的。

通常我們愛將苦勞當功勞，甚至把疲勞也當功勞。對於時刻處在市場競爭中的老板來說，沒功勞的統統都是白勞。問題是，一個小會計，能有多大的「功勞」？財務工作不就是「無過便是功」麼？難不成會計還能創造收入、增加利潤？

對！老板就是要會計創造收入、增加利潤！

於是，「漲薪青年」深入研究了老板的問題後，終於找到了突破口，方法就是把自己當作老板，像老板一樣去管財務。因為「你的作用是什麼」本質上是問「你能從哪些方面為老板分憂解難」，因為會計工作做得再好，如果不能解決實際問題，都是沒價值的工作，沒價值的事，做到極致也不過是孤芳自賞。

老板關心的是收入、是利潤、是現金，核算再精準、報告再完美，不過是錦上添花，老板希望看到的是收入持續增長，資金及時收回，在這個過程中，會計做了多大貢獻，老板就認可會計多大的價值。

如何為老板分憂解難，是個技術活，但還是有人做到了。這位青年也做到了，只是用了一種比較「笨」的方式，總結起來就是：方法是「偷師學藝」，過程中「千辛萬苦」，結果是「成效顯著」。

因為「漲薪青年」所在的是一個綜合性業務的公司，經營範圍廣、業務種類多，既有強於其他公司的業務，也有弱於其他公司的業務。青年關注的就是市場競爭力偏弱的業務，從短板入手，琢磨破解之道，具體過程如下：

第一步，交友。「漲薪青年」通過加入行業協會的方式，找到行業內標杆公司的同行交朋友，這一步是接觸「目標」的關鍵步驟，能否實現關乎成敗。

第二步，聊天。和朋友們天南地北地海侃，從詩詞歌賦談到人生哲學，再從人生哲學談回詩詞歌賦。

第三步，討教。在人生哲學和詩詞歌賦之間引入有價值的話題，比如，「貴公司的業務怎麼做得這麼好」「回款為何如此迅速」，諸如此類。

第四步，總結。將他人成功的經驗整理為商業方案。

第五步，昇華。在方案中提取與財會工作相關的內容。

第六步，落地。將財會工作相關的內容，確定為可實操的流程，提交公

第二章　突破壁壘，當一個會「做生意」的會計

司管理層，在業務和財務兩個層面，同時推動和執行。

第七步，優化。觀察方案執行情況，及時調整有問題的內容。這一步很重要，要是做不好，就會被扣上「紙上談兵」的帽子。

最后一步，靜候佳音。

這位青年當年如此大費周章地折騰一番，不過是為了每月增加 500 元的工資。但最后，老板還是沒有同意，因為這不符合公司的薪酬制度。

合乎薪酬制度的做法是——調整工作崗位，於是，「漲薪青年」每月工資上調了 2,300 元。

至此，關於「青年會計如何漲工資」的案例分享到此結束。

我們當一次「事后諸葛亮」，總結一下「漲薪青年」成功的經驗。案例的精華部分，就是青年偷師學藝的過程，其本質，不過是初級版的「生意經」——通過模仿向競爭對手學習，縮小差距再找機會超越。

道理很樸素，過程很曲折。青年在整個過程中不斷試錯並堅持前行，用開放而真誠的心態面對困難，憑著對漲工資的一腔熱血，逼自己走出了一條不尋常的路。

有意思的是，青年獲得成功的過程和會計工作本身沒有直接關系，最終却收穫了意想不到的成果，這就是所謂的「功在事外」。

青年把老板的公司當成自己的公司，把老板的生意當作自己的生意，做出了有意義、有價值的事，漲工資也就自然而然，順理成章了。

> 「會計叔」：通過這位青年的案例，可以看出，會計只有支撐經營，為老板排憂解難，才算發揮了財務管理和服務的功能，體現了會計的價值。

> 「算盤哥」：做這些事情時，他不一定有如此高度的認識，但正是這種認真做事、積極做事的態度讓他取得了日后的成功。

所以，非專業出身的會計從業者，在經營活動中浸淫已久，反而能想出「奇招」解決財會專業的問題。所謂會計工作的創新，就是要換個思路做工作，展現財務對經營活動的服務和支撐功能，讓老板體會到會計工作的價值，然而，這些看似簡單的訴求並不容易滿足。

比如，我們經常會遇到這樣的尷尬：月末，我們拿著辛苦做出的報表和幾十個財務指標，躊躇滿志地匯報給老板，聽完匯報，老板就說了三個字：「然后呢？」

所有的數據都說完了，哪還有然后？可老板聽了一堆數字，頭昏腦熱，不僅沒有更清晰地瞭解公司的營運狀況，反而更糊涂了。

我們想，要是老板懂財務知識就好了，這樣就能理解財務指標所代表的深刻內涵。老板却想，要是會計懂業務就好了，至少說的話能「接地氣」。

會計和老板相距咫尺，心却天涯分隔，像是盛大的開幕迎來的却是蕭瑟的結局。

會計朋友們一定有過這樣的遺憾和抱怨，却不知如何突破，筆者也不例外，直到一位身分「特別」的會計出現。

此人是化學專業出身，入職時的工作，是研發新型建築材料，后來轉行做了會計（你沒有看錯，他改行當了會計），后來的后來，他成了一家大型化工企業的財務總監。

就如何向老板匯報財務工作的難題，這位跨專業、跨行業、跨區域的「三跨人才」却從不認為是個問題——因為他基本不說財務數據。

作為財務總監，從來不說財務數據，那說什麼？他的觀點是：「老板不一定懂財務，生產、銷售、市場，這些才是老板能聽懂的內容，財務人員應該將會計信息轉化為老板能聽懂的業務語言。」

道理是這個道理，可他是怎麼做到的？

「因為做會計之前，我跑過市場、從事過生產，還負責過回款清欠工作。」

哦，原來是這樣，多年的疑惑終於解開了。一開始就從事會計工作的我們，沒做過生產、沒跑過市場、沒搞過行銷，單一的會計工作，反而限制了我們的思維。

會計的最大問題是——過於「會計」。

理性地看，會計的語言不能引發老板的共鳴，根本在於，老板弄不清會計信息與經營活動之間的關係，但要準確理解財務指標的經濟內涵，不通過系統全面的學習，完全是盲人摸象。

會計遇到懂財務的老板是幸事，遇到不懂財務的老板是常事。

第二章　突破壁壘，當一個會「做生意」的會計

「算盤哥」：入行就做會計的從業者不可能個個都像「三跨人才」，可以接觸眾多工作，就算精力夠、時間足，公司也不一定給機會，會計要瞭解業務經營活動的難度實在太大。

「會計叔」：沒有機會，我們就創造機會，辦法一定是有的。

撥開現象看本質。「三跨人才」的核心競爭力是摸索出了會計信息和業務活動之間的邏輯關係，這是從事過經營相關工作才有的優勢。所以，他能通過財務指標挖掘業務層面的信息，向老板匯報工作時，自然能切中要害。這一切都以親身從事過經營工作為前提，但並非人人都有這樣的機會，我們還得化繁為簡，找條捷徑達到目的。

我們知道，會計信息的基礎是經營活動，而經營活動的內在驅動是業務動因。比如，運輸成本的業務動因是運輸量，人工成本的業務動因是用工量，招待費的業務動因是商務接待量……

雖然我們不能直接從事經營工作，但我們可以通過研究業務行為（業務動因）和會計信息之間的關係，獲得「三跨人才」一樣的技能。

業務動因形成財務結果，但業務動因本身是「盲目」的，不會自動遵從公司的財務目標。舉例來說，公司的促銷活動可以吸引更多的客戶，但促銷成本又會拉低銷售利潤。

業務動因只有通過「經營邏輯」的組織，才能成為創造價值的經營活動。

所以，要獲得「三跨人才」的技能，我們還必須弄清公司的「經營邏輯」——公司的業務是什麼？這些業務是如何獲利的？經營過程中有哪些風險？

要抓住業務動因，弄清經營邏輯，咱們還真得親自參與業務經營相關的工作。

但這是需要技巧的。

我們假想一種方式：我們走到業務部門，大喊道，我要分解業務動因，重新組織業務邏輯，請你們配合。估計要這麼做，同事之間是沒法愉快地交流了。因為業務和財務的價值取向不同，對業務部門來說，如何吸引更多的客戶、簽訂更多的合同是工作的重點，至於花多少錢，不是業務部門關心

的問題。所以，開門見山的方式，看起來效率高，其實在實際工作中根本沒有操作性。

這就得借鑑「漲薪青年」的經驗了，我們現在使用的方法和他的做法如出一轍——還是從交朋友開始，區別在於他是從外部交朋友，我們這次是在公司內部交朋友。

這裡筆者將自己的經歷作為案例，權當拋磚引玉，為各位如何切入經營活動提供一些思路。

大家都知道會計報帳工作簡單重複，非常枯燥。有一位會計小藍，他喜歡和公司的同事交朋友。既然成了朋友，大家總會聊一些關於工作的事，日積月累下來，小藍就摸索出了會計信息和業務活動之間的關係，到後來，甚至只要知道做了什麼業務，大概也能猜出收入有多少，對應的支出是多少。因為聽得多，所以小藍知道為什麼有的業務會賺錢，有的業務會賠錢。工作狀態從坐在辦公室，被動接收信息，變為走出辦公室，瞭解業務、學習經營、琢磨管理，干得不亦樂乎。

通過與業務部門的同事交朋友，向他們學習如何經營，可以為掌握業務動因，瞭解財務和經營的關係省去不少精力。讀者一定注意，業務部門的同事因為信任和案例中的小藍交流很多「內幕」信息。但如果小藍就此認為自己掌握了控制業務活動的工具，反過來搞所謂的費用管理、成本控制，最終，只會樹立業務和財務之間的對立情緒。

業務和財務相互配合，才能成就最佳管理狀態，共贏才是上策。

雖然，這種介入經營的方式和「三跨人才」「漲薪青年」有所區別，但最終結果都是掌握業務和財務之間的邏輯關係。會計工作依託於財會理論，起步於基礎核算工作，但真正成就會計工作的，却在專業之外、核算之上。看起來與會計不直接相關的內容，可能就是我們一直尋找的突破點。

總結一下，我們如何以「做生意」的思維開展會計工作。

第一，會計信息的可用性決定了會計探尋業務動因的必要性。

比如，公司平均毛利率是15%，這個信息是低效的，因為我們只瞭解了公司的總體盈利水平，但沒有參照物，無法做價值判斷，不知道這15%的毛利率，代表的是經營良好還是經營不佳。

假如，我們知道了行業平均毛利率水平是18%，那麼，公司業務的盈利水平是偏低的，屬於經營不佳的狀態。但這個數據只能為判斷毛利率「優劣」提供標準，要找到原因，還需要在經營層面，挖掘影響毛利率的業務動因。

第二章　突破壁壘，當一個會「做生意」的會計

這就引出了會計如何「做生意」的第二點——構建財務指標和業務活動之間的邏輯關係。

就會計信息評價會計信息，就數字說數字，是我們進行財務分析時通常出現的問題。會計信息作為經營活動的另一種表述，除非熟知經營活動，否則，是不可能解讀出會計信息中的經營內涵的。不論多麼詳實的會計信息，不與經營活動相結合，信息的使用價值都是低效。

這裡，我們可以借鑑股評的思路。不論是操盤手還是股評專家，都很少大量分析會計數據，只是簡單提及幾個財務指標，關注的重點一般在三個方面：一是與該股票相關的政策和題材；二是購買該只股票的多空力量對比；三是整個金融市場的大環境。

說到底，股評就是在闡述影響股價的「業務動因」。

如果會計能切入經營活動向老板匯報財務狀況，老板一定會覺得耳目一新。當老板能聽懂會計在說什麼，自然就能弄清財務指標和經營活動之間的關係，經營決策就能有的放矢。

所以說，構建會計信息和業務活動之間的邏輯關係，核心在於轉變我們工作的思維方式，不能就數字說數字，而是以會計信息為原點，構建一張以業務活動為內容的信息網。

這張信息網的半徑越大，傳遞的內容就越多，我們從會計信息中挖掘價值的可能性越大。

關鍵是如何構建一張融合財務數據和經營活動的信息網。

我們以會計信息為原點，首先搭建網路的基本框架（縱軸射線）。縱軸射線的作用是，將會計信息與業務活動（業務動因）連接起來，其前提是我們把握了會計信息與業務動因的邏輯聯繫。在縱軸射線的基礎上，我們再構造橫軸環線。橫軸環線的作用是，將不同類型的業務活動（業務動因）連接起來，其前提是我們理解了不同業務活動之間的邏輯關係。

當會計信息與業務活動之間的關係越準確，信息網的縱軸射線就越穩固；同時，業務活動（業務動因）之間的關係越準確，信息網的橫軸環線就越密集。

依託這張信息網，會計信息反應的業務內容就越豐富、越精確。

道理說起來容易，做起來難，除了親身瞭解經營活動，切身體會會計信息和業務動因之間的關係，別無他法。誠如前面提到的三個案例，唯有跳出會計的「三界」和「五行」，才能修得這樣的「會計武林絕學」。

43

跳出會計看會計

　　會計人員應主動走向經營，多與業務部門的同事溝通交流，知道他們做的什麼業務，怎麼做業務。在構建融合業務和財務的信息網的過程中，會計人員要摸索出業務活動的規律，建立會計信息和經營活動之間的邏輯思維，才能將會計信息翻譯為大家都能明白的大白話，並以「做生意」的思維解讀會計信息，其工作自然能得到大家的認可。

　　未來的會計需要立足專業，多聽、多看、多思考，從財務走向業務，成為業務部門的夥伴和智囊團，用財會專業理論幫助、輔佐、規範經營活動，成為企業發展的助推器和催化劑。

　　唯有這般，我們才能走上會計職業的康莊大道。

「會計叔」：從日常核算上升到管理，再從管理切入經營，確實需要花心思才能做到。總結出會計如何學會「做生意」的具體路徑，對大家是很好的啟發。

「算盤哥」：在下一節，我們將進一步探討什麼是「會計的原則」與「生意的邏輯」。

第二節　會計的原則與生意的邏輯
——「找到會計工作的平衡點」

「會計叔」：上一節我們討論了未來需要的會計，必須懂業務，會「做生意」。但會計畢竟有專業的理論、原則和規定，不一定都符合生意的邏輯，這個矛盾不解決，很難成為一名具備經營思維的會計。

「算盤哥」：的確如此，但會計反應的是經濟活動內容，會計原則的根源還是業務活動和經營行為，說到底會計的原則和生意的邏輯，二者的「源代碼」是一致的。

生意的「買賣」含義，據說出自《世說新語·言語》中的一個故事。講的是孫吳時，有人將鳥翼剪下後，做成圓扇出售，但卻沒有「生意」（買賣）。

時至今日，我們仍然認為生意就是「做買賣」，只要具備買賣的形式，並以賺取利潤為目的，所有的行為或物品都可以成為生意，這應該是我們對商業活動最直觀的理解了。

因此，我們可以將生意的邏輯簡單表達為「將某種產品以某種方式賣給某個特定對象」。

我們在創業節目看到選手們侃侃而談，有的考慮的是將產品賣給誰的問題，有的是解決怎麼賣的問題。解決前一個問題的是市場開拓者，解決後一個問題的是商業模式的改進者。不論開拓者還是改進者，一定會聚焦「將某種產品以某種方式賣給某個特定對象」中的所有要素，因為其中任何一個要素出了問題，這生意一定做不成。

有些公司看起來財大氣粗，轉瞬就灰飛煙滅，原因就在於此。

生意的邏輯可以簡單明瞭地表達，但生意的形式和內容卻千差萬別，即使同一行業、同一市場，甚至面對同一客戶，生意運行的過程卻無法用相差無幾的方式描述出來。因為，所有的生意都處於不斷變化的環境中，其自身

也在不斷變化。生意需要想像力，需要創新和突破。

與不斷求變的生意不同，會計是伴隨經濟活動的發展而發展的。

有人說，會計是簡單重複的記帳功能；也有人說，會計是高度精準的測算工作；還有人說，會計是公司運轉的核心控制環節。不論會計工作的表現形式如何，會計向前發展的基本脈絡從未改變。如果說生意的邏輯是「將某種產品以某種方式賣給某個特定對象」，那麼，會計的原則就是「以特定的方式生產標準的信息，並以此描述生意運行的過程」。

生意是需要想像力的工作，鼓勵無拘無束地創造，會計則是被設定了限制條件的「填空題」。要求運用標準的工具和方法描述經濟活動，並確保操作過程規範、標準一致，這是會計原則最核心的訴求。

所以，我們常看到，會計人員以會計的「不變」應對生意的「萬變」。這看似正常，卻隱含了一個矛盾：一成不變的原則能否應對靈活多變的生意？

我們知道著名的「零庫存」管理，其貢獻不僅在於，實現了存貨管理成本最低的財務目標，更重要的是在如何處理生意邏輯和會計原則之間的關係上，為我們提供了思路——先滿足經營靈活性，再考慮原則性。

看似容易的道理，其實很難實現。

一般來說，管理得越松，經營的靈活性越大，創新的可能性也就越大，但營運效率會降低；管理越嚴，營運效率會提升，但同時，創新的空間會變小。

如何實現管得好又管得活？原則性和靈活性不能兼得時，魚和熊掌如何選擇？原則性和靈活性相互矛盾時，又孰輕孰重？

這類問題，我們通常以「建章立制」的方式解決——我們根據會計原則的要求，建立財務規章制度。再通過流程化、系統化的管理，規範經營活動，並在這個過程中不斷修正規章制度，在原則性和靈活性之間找到平衡，以此降低管理內耗。

但是，財務制度是以會計原則為出發點建立的「游戲規則」，制度不可能窮盡所有的經營內容，所以制度總會面臨「例外事項」。當個性化的經營活動與普遍性的規章制度相互矛盾時，我們只能兩害相權取其輕：

首先，從會計原則出發，評價經營的財務風險，以及風險可能帶來的損失。

其次，從生意的角度，預測經營活動的收益。

第二章　突破壁壘，當一個會「做生意」的會計

最后，對比風險和收益，風險較大就遵從會計的原則，反之則按生意的邏輯開展經營。

「算盤哥」：會計的原則來自生意的邏輯，但反過來又制約了經營活動，「兩害相權取其輕」的做法是無奈之舉，有更好處理二者關係的辦法麼？

「會計叔」：處理二者之間的關係，說到底，是如何理解會計原則和生意邏輯之間的關係，這需要找出二者共同的「源代碼」。

我們以審計工作為例，看看生意邏輯和會計原則的衝突如何產生，又如何化解。

審計是在確保信息真實的前提下，檢驗行為活動的合規性（規章制度執行的效果）。審計的類型非常豐富，包括年報審計、任期審計及各種專項審計。

只要有規章制度存在的地方，就能開展相應的審計。

審計人員對會計信息真實性的評價，重點關注的是程序要件是否充分、合法，但是會計信息「真實」不代表行為活動合理、合法。公司眾多的經營行為，要完全按照規章制度的要求執行，讓其像軌道衛星一樣精確地運轉，確實強人所難。

其實，所有的審計人員都明白，經營活動不可能完全按照制度的要求，絲毫不差地進行，用一成不變的規則面對靈活多變的市場，生意是沒法做的。只要在原則允許的範圍內，與規章制度有合理偏差，都是可容忍的差異。

通過審計工作，我們發現處理生意邏輯和會計原則二者關係的一般思路是——從生意的邏輯出發，運用會計的原則，把握原則底線的同時，尊重和接受業務活動與規章制度間的合理偏差。

「算盤哥」：工作中確實有些業務，無法按制度要求開展，會計往往無所適從，但只要建立了「底線思維」，就算有問題，最多算瑕疵，談不上惡意造假。

「會計叔」：萬事離不開個「理」字，放棄底線而完全按照經營的需求做會計工作，一定會出問題，但一味遵從規章制度，經營活動又無法開展。

因為生意邏輯和會計原則之間存在規律性的矛盾，通過「建章立制」當然可以解決大部分的問題。但我們在日常工作中，還是會遇到眾多例外事項，這需要會計人員合理判斷「例外事項」的處理方案，在二者間做出專業判斷。會計人員作為執行會計原則的主體，其工作思維、觀念和態度，是決定生意的邏輯和會計的原則能否同時實現最優解決方案的關鍵。

但會計工作按部就班的特性，使得會計人員，很難從生意邏輯的角度理解會計的原則。我們需要將「一定要這樣才行」的會計思維變為「換種方式也能行」的市場思維；將「這不是我應該管的」的封閉態度變為「我為經營出謀劃策」的開放態度。

轉變工作思維、觀念和態度並不容易，我們會遇到四個方面的障礙，只有突破這些障礙，才能處理生意邏輯與會計原則之間的矛盾。

「算盤哥」：現在要講的四個矛盾，是否就是影響我們處理會計原則和生意邏輯關係的障礙？解決了這四個方面的矛盾，是否就能找到實現二者最優解決方案了？

「會計叔」：準確地說，解決了這四個矛盾，才有可能理解生意的邏輯和會計的原則，才能正確處理二者之間的關係，最終找到最優解決方案。

矛盾一：「會計的原則」是會計描繪經營活動的基礎，但「會計的原則」也會限制會計信息反應經營活動的效果。

會計信息是以統一的形式承載的特殊信息，因為只有標準化的信息才具

第二章 突破壁壘，當一個會「做生意」的會計

有通用性和公認力，這也是會計工作的現實基礎和基本要求。所以，會計原則首先確保的是會計信息格式和內容的統一。

隨著會計專業化程度的提升，「會計的原則」變得越來越「強勢」。對專業發展來說，這是好事，但如果以服務經營活動為目的，很可能適得其反。

所以，某些「強勢」的財務部門嚴格執行會計制度，財務風險（特別是審計風險）控制很到位。但如此「強勢」的財務部門，生產的會計信息的價值可能較低，因為「強勢」的財務部門，通常會拒絕不符合會計規則的業務內容。從這個角度看，會計的獨立性反而被突破了。

因為，不符合會計原則的內容，並非就是錯誤的或無用的信息。

會計原則凌駕於經營之上，絕非是件好事。

現在，我們知道了會計原則可以隨時介入經營活動，直接影響生意的邏輯，這引出了二者間的第二個矛盾。

矛盾二：會計原則介入經營，可能破壞生意邏輯。如果這是不可避免的，會計原則介入經營到什麼程度才是恰當的？

回答這個問題前，我們需要解構公司的權力結構。

因為生意的邏輯是「將某種產品以某種方式賣給某個特定對象」，具體到公司各個部門的工作，就表現為：人力部門負責招聘員工，財務部門負責籌集和配置資源，生產部門生產產品（服務），最後，依靠市場部門建立的渠道出售給客戶。

不同部門履行工作職能的同時，就形成了公司的權力結構。公司權力結構以「部門權力」的方式表現出來。

一般來說掌控資源的部門，其權力層級更高。比如，人力資源部和財務部，理應是公司權力金字塔頂端的部門，但現實中，話語權較大的，反而是市場部門和生產部門。

市場部門和生產部門作為資源的使用者，按說權力層級較低。但市場部門和生產部門既是現在資源的使用者，又是未來資源的創造者，兩種身分齊聚一身時，公司的權力結構就會發生變化——生意的邏輯決定了公司不斷創造價值的使命，所以，市場部門和生產部門的權力排位，在公司權力結構中的位置更靠前。

跳出會計看會計

「算盤哥」：按照上述觀點，財務部門是為經營服務的部門，應該從事支撐經營的工作，那麼會計的原則也應該為生意的邏輯服務，如果是這樣的定位，會計人員應如何開展工作？

「會計叔」：既然定位於服務，我們把會計工作分為四個層次：管事但不做主、既管事又做主、不管事也不做主、不管事但要做主。

「能不能管事」是判斷一個人或部門，在某個環境內重要程度的關鍵指標，這與能力相關；「能不能做主」是看一個人或部門，在某個系統的話語權的大小，這與權力層級有關。

面對具體業務時，怎麼做才能賺錢，業務部門比我們更專業，如果財務代替業務做決策，一定會「破壞」業務經營過程。所以，會計致力於解決業務經營問題的同時，應盡量避免直接介入經營活動，尤其不要生搬硬套會計原則，輕易對業務部門說「不」！

願意管事但不擅自做主的會計，才能合理、恰當地處理會計原則和生意邏輯之間的關係。一個優秀的會計，也應該是能力強，但較少「做主」的會計。換句話說，在經營活動中，應處處都能看到會計的身影，聽到會計的專業意見，要讓大家覺得公司沒了會計，就像丟了魂似的。

會計不直接介入經營活動，但能夠為經營管理活動出謀劃策、建言獻策，是工作到位不越位；具備決策的能力又敢於做主、善於做主，是工作有擔當；有決策的能力但能控制做主的衝動，是「潤物細無聲」的管理，是融洽處理會計原則和生意邏輯的理想狀態。

由此可以看出，會計原則和生意邏輯的最佳結合點，是二者邊界剛好結合的地方，雙方既聯繫，又不超越。在工作中，我們如何找到這個結合點？

矛盾三：會計原則和生意邏輯的最佳結合點，是會計在遵循生意邏輯的同時，還能堅守會計的原則。

因為會計的原則和生意的邏輯都有專屬的價值觀，價值觀決定了價值判斷的標準，價值判斷標準又會決定行為方式——不同的原則和邏輯「見面」時，最容易對撞的就是價值觀。

通常，我們靠「權力結構」解決不同價值觀之間的矛盾。

第二章　突破壁壘，當一個會「做生意」的會計

好比行軍打仗，戰士明知是死戰，却勇往直前，是長官靠「權力結構」統一了士兵的價值觀。但權力畢竟是外加的強制力，沒有真正實現不同價值觀相互融合，在融合的基礎上再統一行為。

同理，標準明確、規定嚴格的會計原則，一定會與生意的邏輯產生衝突，要化解二者之間的矛盾，我們只能以「無為而治」的方式，在經營活動中「潤物細無聲」地開展。

要「無為而治」，就需要一個態度——尊重。

在沒有權力要素，也沒有權力結構的情況下，矛盾雙方只能相互妥協，以此保持行為一致，而妥協的基礎就是相互尊重。

如果我們理解了業務部門的價值觀，就不會存在價值觀的偏見，反而更容易找出對策，並改變其行為方式。相應地，經營活動在被會計原則規範的同時，也不會有價值觀被排斥和拒絕的不快。這就是為什麼，從事過經營相關工作的會計，更容易獲得業務部門的信賴和認可。

會計原則是現代企業必須遵循的規則之一。我們作為手持財會工具的勞動者，逐漸從經營活動的記錄者，成為控制經營活動的管理者。如果會計對生意邏輯缺乏足夠的尊重，不能充分理解生意的邏輯，會計原則對經營活動的阻力，必然大於對經營的推動力。這裡的「尊重」就是在業、財和諧相處的前提下，引導經營行為符合會計的原則。

尊重應該成為我們認識規律和把握規則的關鍵執業能力！

所以，會計「無為而治」的第一步是界定哪些是會計原則範疇內的事；第二步是判斷這些內容哪些對經營活動是促進作用，哪些是阻礙作用；第三步是減少、調整或改變阻礙經營活動的會計工作內容。

「會計叔」：「無為而治」就是提醒我們會計工作不能擅自改變生意的邏輯，但同時，又能監控、管理經營活動。其實，這個難度很大。要想「無為」，先得「有為」，不瞭解生意的邏輯、經營的規律，根本無法實現。

「算盤哥」：越簡單的東西，難度越大。我覺得真正困難的是如何突破會計自身的思維限制，這樣才有可能把握生意的邏輯。

矛盾四：我們如何將專業技能與生意的邏輯聯繫，使其相互協作融為一體？會計如何突破專業的思維限制，客觀把握生意的邏輯？

會計融入經營活動的過程，也是會計融入其他專業、協同完成任務，共同達成目標的過程。我們只有將會計原則注入、參與和運用到生意的邏輯中，才能在經營活動的各個環節發揮作用，最終優化和提升經營活動的效率。

為此，筆者特做打油詩一首，歸納會計原則融入生意邏輯的過程，便於大家記憶和使用：

原則、邏輯和經營，融合共生相適應。
生意邏輯三件事，產品、渠道和客戶。
會計信息要準確，說清邏輯是關鍵。
原則、邏輯起衝突，邏輯在先原則「輕」。
專業體現在建議，保證經營是第一。

「會計叔」：會計工作要尊重生意的邏輯。會計人員要通過會計信息完整、清晰地描述經營活動，並運用財務管理工具，提出專業意見，以此提高經營效率。

「算盤哥」：我們做到這些，就能找到會計原則和生意邏輯的最佳結合點。

管理活動以經營活動為基礎，從生意的運行過程中衍生而來，生意的廣度和深度，決定了管理的廣度和深度。

舉例來說，街邊雜貨店和沃爾瑪連鎖超市集團，二者生意的邏輯沒有質的區別，只是沃爾瑪的經營區域更廣，客戶和供應商更多。假如，我們給雜貨店配備和沃爾瑪一樣規模、水平的管理團隊，街邊雜貨店能不能衝出亞洲，走向世界？可能性為零。因為雜貨店本身的規模和業務，不需要也無法支撐如此龐大的管理系統。

同樣的道理，會計工作也應該遵循「與經營活動相適應」的規律，公司經營需要什麼樣的會計服務，會計就提供什麼樣的工作內容，既不能少，也不能多，這就是「原則、邏輯和經營，融合共生相適應」的含義，經營有需

求時，會計應全力支撐，沒有需求時，就不要畫蛇添足，「為管理而管理」。

會計工作成果體現為會計信息，會計原則最主要的職能，是完整記錄經營活動，並根據會計信息，反應經營活動的合理性和效益性。

我們應確保經營活動被「原汁原味」地記錄下來，但會計原則有獨立的、自我的價值判斷標準，如何減少會計原則對生意邏輯的「破壞」，則是更重要的工作。如果我們不顧環境，單純地按照會計的原則開展工作，會計信息反應的經營活動，就成了被割裂的「碎片信息」。

恰當的做法是，充分考慮生意邏輯的前提下，再按會計原則的要求記錄和反應經營活動。我們要放低姿態，理解生意運行的邏輯，把握業務活動的規律，為經營活動策劃符合會計原則的多種財務路徑。「會計信息要準確，說清邏輯是關鍵」「原則、邏輯起衝突，邏輯在先原則『輕』」，這兩句話說的就是這個意思。

會計人員要實現上述目標，對專業水平和執業能力的要求非常高，而且還得是半個「業務專家」。我們只要具備了融合會計原則和生意邏輯的能力，就能在工作中變被動為主動，不但能出謀劃策，還能主動「出擊」，發現影響經營的問題，推動公司價值增長。

「會計叔」：看來會計工作並非越複雜越好，不能一味追求會計技術，而應定位於服務公司經營。有什麼樣的經營內容，我們就提供什麼樣的會計服務。

「算盤哥」：會計工作不到位，無法滿足經營的需求，內容過多，會造成經營效率下降。我們站在經營的角度，制訂適合的會計工作方案，到位而不越位，會計原則和生意邏輯就不難統一。

「生意的邏輯」和「會計的原則」是會計工作永恆的話題，未來的會計，把握會計原則的能力和掌握生意邏輯的程度同等重要。會計人員專業能力的評判標準，也將重新界定，關鍵就是能否平衡會計原則和生意邏輯之間的關係，通過會計工作能否提升經營的效率和效益。

第三節　會計的自我、忘我與無我
——「突破會計固有的思維」

如何才能獨闢蹊徑地解決會計工作中的難題？

在會計的原則、規範和標準中，我們找不到相應的答案，加上沒有專業的「理論推演」能力，看似簡單的問題，就成了無法跨越的障礙。

所以，會計后續教育的作用之一，就是不斷擴大會計人員的「理論容量」，豐富實務工作的「工具箱」。工具越多，我們解決問題的方法越多，在工具數量一定的情況下，我們依靠實務工作累積的經驗，還可以通過「理論推演」，組合出新的「工具」解決問題。

會計人員解決難題，要麼不斷豐富專業知識，要麼提升理論推演能力，要麼轉變思維方式，而這些都可以通過系統訓練成就。

除非，我們遇到了實質性障礙——會計的思維壁壘。

因為會計每天的工作，就是重複使用專業理論的過程，在循環往復的工作中，我們建立了「會計」視角的價值判斷標準，這些標準、理念和方法不斷影響我們的思維方式。思維方式成為習慣後，就會形成思維慣性，思維慣性最極致的表現就是「思維壁壘」。比如，會計的「職業病」。我們憑經驗處理業務，不考慮環境因素地運用會計原則，武斷地拒絕違背會計準則的經營活動……

從業時間越長、理論知識越豐富，會計的執業能力越強，同時，「職業病」的表現越明顯。我們通常認為專業知識越多，解決問題的能力越強。實際上，專業知識越多，只能說明解決問題的可能性越大。

解決專業問題要靠專業知識，但我們不能只從專業的角度切入問題，因為解決問題的關鍵是找到解決方案，找方案靠的是發散思維，方案確定后，再是落地推進，「落地推進」靠的是邏輯思維。

這大概就能解釋，為什麼我們面對專業問題時，習慣訴諸專業，却常常束手無策，是思維壁壘讓會計變得「自我」，在「自我」中失去了找出會計思維之外的解決方案。

第二章　突破壁壘，當一個會「做生意」的會計

「算盤哥」：我們通常認為會計的問題，只能通過會計的專業解決，這的確限制了我們運用其他思路解決問題的可能，確實是會計的思維壁壘。

「會計叔」：更可怕的是，遇到會計專業知識無法應對的問題時，我們還會認為這些問題在會計範疇內無解，甚至認為這些問題，根本就不是會計範圍內的工作。

實務工作中，許多公司存在長期懸而未決的財務問題，有意思的是，這些問題並非難於登天，反而與日常工作相關。是會計沒有發現這些問題，還是在會計看來這些不算問題？筆者與當事人交流後才知道，這些問題早被發現了，沒解決的原因是在財務看來「這些問題都是業務經營造成的，與會計沒關係！」

我們知道了會計思維壁壘的存在，終於觸碰到了問題的核心——會計遇到的諸多難題，不是沒有辦法，而是自我否定的態度抹殺瞭解決問題的可能。

客觀地看，業務經營的問題到了財務環節，行為已形成結果，這時再指望會計來解決，確實有失公允。但我們換個角度，誠然「這些問題都是業務經營造成的」，但業務經營真的與財務一點關係都沒有麼？如果會計人員只需要處理「財務」相關的工作，按這個邏輯，會計不過是「見票做帳」的數據錄入員。

為什麼不提前幾步，把業務經營的問題消滅在業務經營環節？

因為，會計不願走出辦公室，解決業務經營問題。而不願主動解決業務經營問題，是會計出於風險的考慮。

在會計的眼中，動輒是成百上千萬的資金，幾十上百億的資產，為解決經營問題而突破會計的原則，風險實在太大！就算被認為僵化古板、不近人情，會計也決不僭越原則半步。

會計工作就應該按部就班、規行矩步，會計就應該保持謹慎的「職業態度」，拒絕一切和財務規章制度衝突的行為，和業務部門產生矛盾時，還要很尷尬地說一句：對不起，我是會計。

當會計說出「對不起，我是會計」時，業務部門的同事一定咬牙切齒、

心急如焚，會計還在堅持所謂的「原則」，這樣下去，市場怎麼開拓，生產怎麼推進？

事情如果鬧到領導那兒，會計、業務「先各打五十大板」，再陳述理由、自由辯論。

最后，領導決斷——會計敗，業務勝！

理由很簡單，財務是為經營服務的，如果業務不能正常開展，肯定是規章制度的問題，因為制度而放棄業務，難不成大家都去喝西北風？

是繼續堅持原則，還是放棄原則迎合業務？若是堅持原則，公司經營可能面臨危機；如果放棄原則，風險沒法控制，看似保證了業務，最終后果還是飲鴆止渴。

現實中，大多數會計能堅持原則，在壓力之下堅持職業操守，當然值得稱道，久而久之，這樣的會計就成了老板心目中的「好」會計。雖然不懂變通但是用起來放心，雖然用起來放心，但不會重用，因為這樣的會計太死板，畢竟，公司還得靠發展生存。

「算盤哥」：看來，會計應該突破思維壁壘，不斷向業務經營靠近，做公司發展的推動力，如何才能平衡二者的關係？

「會計叔」：很簡單，堅持該堅持的，改變不需要堅持的。所以，問題就是，什麼是該堅持的，什麼是不該堅持的。

會計人員的價值觀大多來源於會計理論、會計準則和各種財務規章制度。所以，在我們看來，符合會計價值觀的內容是應該堅持的，反之則是要拒絕的。這在邏輯上，看起來是對的，但在實務中，很可能是錯的。

因為從會計角度認為是錯誤的內容，不一定是應該否定的經濟行為。我們知道會計只是描繪世界的一種方式，會計的價值觀只是衡量經濟活動眾多標準中的一類。所以，其他標準下的評價結果，很可能與會計價值觀下的結論完全相反。

第二章　突破壁壘，當一個會「做生意」的會計

「會計叔」：會計、銷售、人力和生產，都是因公司經營活動而存在，制度、規範、內控、流程都是公司運行的支撐工具。工具不能影響經營的效率，更不能成為經營的障礙。

「算盤哥」：公司為價值創造而存在，評價業務活動的「價值標準」，應該是價值創造過程的方式和途徑，不應單純地以會計的原則評價。

有時候，會計視角中的「壞價值」，可能就是經營視角中的「好價值」。

在經營中，為獲得收益而違背誠信、破壞法律，當然是「壞價值」，而遵從規則、遵循法律賺取的收益，即使會突破會計的規則，也是「好價值」。

所以，在經營中，為降低成本以次充好，即使符合會計核算的要求，我們也應拒絕這樣的方式。如果為了提高產品質量而增加成本，我們則應站出來，幫業務部門想策略、找辦法，降低生產成本。

只可惜，我們通常陷入指標、數據、原始憑據等「形式要件」的桎梏中。這裡舉一個關於「白條」的案例，案例裡凸顯了會計的思維壁壘，讓人唏噓不已。

有一位通訊公司業務部門的職員小梁在邊遠山區做工程，夜裡留宿村民家中，付錢時讓老鄉寫個收條，權當是個憑據。回到公司報帳時，會計見到這樣的原始憑據，差點沒噴出血來。會計核算要求原始憑據，必須是內容清晰準確且章證齊全的法定票據。但業務部門的同事也很無奈，沒有合規的票據，也不能睡在露天啊。會計認為，雖然情有可原但不可行，正規的發票才能入帳，用「收條」作原始憑據，是違規，而且是違大規！

從形式上看，會計確認成本、費用，確實需要正規票據，業務部門在報銷環節確實「違規」了。

可惜的是，會計本身也「違規」了。

因為會計違背了現實，違反了邏輯。

深山中的老鄉，怕是一生也難見發票之類的憑據，找老鄉要發票，實在是逼人上梁山。

可逼上梁山的小梁，還真能找來發票。會計一看，差點沒背過氣，住宿發票外加一堆車輛油費發票，一共好幾百元。昨天那張收條上的金額才幾十

元，今天來的發票就好幾百元。」

你玩我吧?!

但業務部門小梁的說法却有理有據——「為了避免出差在外風餐露宿，避免在深山老林中遭遇飛禽走獸，只能開車到縣城找了有發票的旅館留宿，第二天，再驅車繼續上山做工程。」

若非提前知道真相，這番說法實在是至真至誠、入情入理，根本不容懷疑。

知道實情的我們當然不給處理，昨天才幾十元的費用，今天就成了幾百元，這出入也太大了。但若是不處理就是會計違規，因為同事按要求完善了手續，憑啥不辦？就憑人家說的事情是假的？事情雖然是假的，但證據是真的啊！

有朋友說會計應該「以實際發生的交易或事項為依據進行確認、計量和報告」。雖然我們有理論依據，但我們沒有證據，業務部門的同事倒是有證據——當事人、說法和票據，哪樣是假的？

程序非常合法，雖然，過程很不合理，但先法后理，怎樣才是正確的？

所以，我們不得不處理。可真要處理了麻煩更大：從此以後，人人都知道，公司的會計是認票不認理的。於是，今天說回縣城住，明天就說回市裡住，今天說跑了幾十公里，明天就敢說跑了百多公里。

這下，會計真就左右為難了，翻遍所有財務相關的規章制度，也找不到這種情況該咋辦？

當業務同事第一次拿收條報銷時，就可以入帳。有朋友會說，白條不能入帳！白條當然不能入帳，但得看是什麼樣的白條。對於事實清楚、過程明確、證據確鑿，又是偶然發生，而且確實無法提供正規票據的小金額「白條」，為什麼不能入帳？

除了不能抵減應納稅所得額外，實在想不到還有什麼障礙。

有讀者會說，這樣一來，公司稅負增加，不就損失了麼？

我們從最終「支出」的金額比較兩種方式的成本高低。

如果會計以「白條」入帳，即使考慮納稅調整，也遠低於以發票報銷的金額，而且這種方式尊重了事實，不會造成人為造假的負向激勵，而且，還真正實現了成本控制。

發票作為會計處理時的標準原始憑據，是會計核算和控制成本的關鍵載

第二章 突破壁壘，當一個會「做生意」的會計

體。但在這個事件中，情況卻截然相反，用於控制的財務憑據卻成了突破控制的手段。

如何控制成本、避免損失，是公司管理中最複雜的命題。在會計的原則中，通過原始依據（發票）提供的合理保證，實現成本控制。問題在於，並非所有的支出，都能取得滿足會計原則規定的憑據要求，如果就此判定支出不真實，就會導致以正規發票報銷，成本反而超過真實支出的問題。

所以，在實務中，很多財務控制的工具和方法，最終成了業務和財務之間相互掰扯的「游戲」，成為負向選擇的誘因。

會計，是通過會計信息還原經濟活動，進而控制支出，避免損失。所以，不能反應事實真相的會計信息是都是偽信息，不能控制真實成本支出的財務管理是偽管理。二者兼得，才是真正到位的會計工作。

「會計叔」：「白條」案例引人思考，反應出會計人員管控成本只關注原始要件，較少關注業務事實的思維壁壘，因此，各種各樣成本超支的現象層出不窮。

「算盤哥」：於是，預算管理、成本控制、定額管理，各種各樣的「軟管理」「硬管控」被不斷引入會計工作中。

嗟乎！管理無窮盡耶，控制成本何其高焉，但管理仍失控也，眾人又何其煩焉。

曾有一家汽車模具製造廠的老板，考慮在公司推行 ERP 系統。筆者問其目前的生產規模，答曰：3,000 萬。又問：為什麼想推行 ERP 系統？答曰：競爭對手都在用。再問：你的競爭對手多大規模？答曰：幾億到十幾億不等。最後問：目前公司的管理能滿足經營的需求？答曰：夠用，好像沒什麼問題。

最后，筆者對模具廠老板的建議是：
①公司當前就一個任務——活下去。
②目前的管理足以支撐營運，用不上 ERP 系統。
③繼續給管理做減法，越簡單越好。

④持續降低管理支出的占比，盡量維持在行業平均水平之下。

先進的管理工具，好比武林絕學，人人都說好，大家都想學，但沒有長年累月的內功做基礎，貿然使用的結果會是經脈盡斷、武功全廢。

大公司成功的經驗和先進的管理，是日復一日累積的結果，是一點一滴努力的回報。好比市場份額、交付能力、盈利水平等評價指標，優秀的管理也是公司經營成果之一，都是公司成長的「業績」體現。

好的管理關鍵要足夠簡單，簡單的規則才容易實現，容易實現的規則才能持續推進，持續推進合乎管理規則的經營活動，自然就能提升公司營運效率和經營效益。

最有效的管理，往往是用最簡單的方法實現的。

反思我們的日常會計工作，引入了多少管理的內容，增添了多少審批的環節。費用報銷時，我們通常設置經辦人員、主管和分管領導簽字審批的環節，筆者見過流程環節最多的審批流程，從經辦人員到公司董事長，共需要13個人審批，實在是嘆為觀止，先不說能否有效控制費用支出，光是對營運效率的影響就可見一斑。

但如此「完善」的內控流程，並沒有給會計信息提供充分、適當的保證，原因在於大家都簽字，看似負責的人多，出了問題卻因為法不責眾，最后成了誰都不用負責。會計並沒有因為層層審核而減輕工作量，反而是出了問題，無法落實責任，反而花費更多的溝通成本和管理成本。

這就是只從「管理思維」出發，不考慮經營實際，追求所謂「完美」管理的后果——典型的「為管理而管理」。

要解決這樣的問題也不難，要麼簡化流程，要麼減少管理的環節，不斷地做減法，直到經營變順暢為止。千萬不要擔心人員減少、環節簡化，造成管理失控，精簡后的管理不但不會失控，還會因為清晰的責任界定，相關責任人更會盡職盡責地工作，公司的營運也會變得高效有序。

為什麼人少好辦事？因為責任清晰，掰扯的事少。

為什麼人多不一定力量大？因為板子打不到點上，人多更好蒙混過關。

缺乏管理，公司會混亂不堪，而過多的「管理」又會讓經營停滯。

第二章　突破壁壘，當一個會「做生意」的會計

「算盤哥」：所以，會計應該從經營出發，考慮核算和管理工作，不唯理論唯實際，不唯管理唯經營，減少內部消耗，提高經營效率。

「會計叔」：會計工作具有極強的專業性，我們很容易陷入「完美管理」的思維中，只有突破思維壁壘，從支撐和服務經營出發，才能從「自我」中走出來。

到底是先進的管理成就了優秀的企業，還是優秀的企業成就了先進的管理？不論是優秀的企業，還是先進的管理，都聚焦於如何迴歸生意的本質，推動經營的發展——「迴歸生意、推動經營」，就是帶我們走出會計思維壁壘的「八字箴言」。

「迴歸生意、推動經營」有三層意思：一是所有的經營活動都有「生意」的某個要素作為內生動力；二是管理活動應聚焦於「經營」，偏離「經營」的管理都是無用的；三是但凡成功的公司，都具備以最低資源配置實現經營目標的能力。

我們以最常見的「業務招待費」的管控為例，來闡述這三層意思。

通常，會計視角下的業務招待費管控，是以收入或其他業務數據為基礎，按某個確定比例定額管理。這看似「有憑有據」的管理，本質上是經驗主義的產物。

若是從「生意」的角度出發，這種方式顯然缺乏業務動因的支撐。因為，業務招待費的發生以及金額大小，與公司經營活動的數量和內容有關。

按照這個邏輯，業務招待費是因為業務招待活動發生的支出，而業務招待活動是具有「生意」目的的行為——要麼是為了簽合同獲得訂單、要麼是為了提高產品售價、要麼是為了溝通協調加快收款。

在「生意」的視角下，業務招待費的管理，反而變得簡單了。

假如公司一季度業務招待費較上年增長15%，但與同期相比的合同簽單量沒有增加、收款進度沒有改進、產品售價沒有提升，那麼業務招待費的使用效率就是低下的。

這樣的評價雖然很「功利」，但公司經營花了成本，就應該看到收益，支付了費用就要得到回報。業務招待費這類直接與經營活動掛鉤的支出，必須通過經營的思路和生意的邏輯，評價其合理性，只從會計角度考察，看不

61

完也看不透。

　　當然，確定業務招待費的業務動因，是控制業務招待費支出的關鍵，業務動因是業務活動的推動因素和內生動力，也是成本支出的根本原因。所以，我們可以得出一個重要的結論：除非我們能通過會計信息掌握業務動因，否則，會計信息和相應的財務管理都是低效的。

　　通過這個結論，我們可以完美解決本節涉及的所有問題。簡單如「白條」是否能報銷，複雜如公司財務體系的設計與運行，最終都可以歸結為──會計的自我、忘我和無我。

　　會計的第一境界是「自我」，以會計的視角、方式和位置描繪經濟活動，控制經營行為；會計的第二境界是「忘我」，會計的原則、理論和規範，只作為會計工作時的一種思維方式，不再是判斷經營行為的唯一標準，甚至不是主要標準。會計的第三境界是「無我」，相對複雜、略顯高深，需要我們參透生意的本質──不論是經營行為，還是管理行為，都是為「生意」而存在的具體活動。達到「無我」境界的會計，較少甚至不再受到會計專業理論的影響，他們思考問題的出發點是「生意」，落腳點也是「生意」，會計工作遵從生意的邏輯，並以此決定如何使用「會計」這個工具開展工作。

　　當「自我」時，我們以會計的理論控制經營；當「忘我」時，我們以會計的理論指導經營；當「無我」時，我們以會計的理論支撐和服務經營。

　　會計支撐和服務經營的定位，樹立了以「生意」為基本邏輯的會計工作方式。只有這樣的會計工作和財務管理，才能在經營和管理過程中推動公司價值創造。

　　所以，「無我」看似是會計原則消失了，實則打通了會計的任督二脈。

　　「算盤哥」：看來，會計「無我」的狀態才是最高境界，有意思。當會計「無我」時，反而是會計專業水平的最高體現，說到底，只有深刻理解了如何做生意，如何開展經營，才能成為一個好會計。

　　「會計叔」：不懂生意、不會經營，會計理論再豐富都是空中樓閣，不但毫無用處，還會阻礙的公司發展。好會計需要時間的磨礪，理解生意、掌握經營都需要時間，而下一章講的就是如何成為一名「好會計」。

第三章
告別青澀，當一個「好會計」

第一節　老會計和好會計
——「光靠時間，我們不會變得更好」

「算盤哥」：關於如何才能成為一名「好會計」的問題，我的看法是，「好會計」首先得是「老會計」。

「會計叔」：「老會計」通常用來稱呼經驗豐富、從業時間較長的會計，而「好會計」指的則是技術精湛、能力超群的會計，二者有聯繫但也有區別。

　　會計是一個龐大的行業，全國會計從業人數過千萬，會計人員遍布各行各業，但會計在各單位中的占比又是最低的，是典型的「少數派」工種。各行各業都需要會計人員，但各單位對會計的需求又十分有限。包容與競爭並存，是會計行業的普遍特徵，這一點，從參加會計資格考試的人數就可見一斑。

　　在會計行業中，一定比例的從業者，選擇會計行業的原因是門檻低、上崗時間短而且見效快。就好像某些培訓機構的廣告「零基礎學起，保取證，保就業!」保取證、保就業還不夠，還包學包會，不會再學。尷尬的是，「規模化」培養的會計人員，造成了整個行業供大於需，會計的普遍薪酬因此

下降。

除了「一個月取證就上崗」的從業者，還有較大比例的會計，經歷了長達幾年的專業學習，並取得了較高學歷。

會計是一個從業人員素質「既高又低」的行業。

如果知識的可用性取決於工作的難度系數，說實話，四年的本科教育確實「營養過度」。但從實務工作的複雜性和廣泛性來看，即使擁有研究生學歷的會計，其能力也略顯不足、差強人意。

會計從業人員雖然數以千萬計，但既掌握理論又熟稔實務的領軍式人物，卻少之又少，反應出會計人員「既多又少」矛盾分化的特徵。

「算盤哥」：會計人員「既多又少」，會計專業「既高又低」，這應該是當下會計行業的時代特徵，在這樣的環境下，如何才能成為行業中的佼佼者，又如何被市場認可？

「會計叔」：這需要「一實一虛」通過虛實結合實現。會計人員既需要學歷、職稱、從業經歷這些看得見、摸得著的專業能力，也需要溝通、創新和不斷學習這樣的實務能力。

大多數會計從業者對自身職業發展的著力點，通常聚焦於學歷、職稱，並為之付出巨大努力，因為學歷文憑、職稱證書是公認的職業證明。而工作能力、創新精神則難以直觀感知，且標準因人而異，在崗位競爭、職位升遷時，其「價值」波動幅度太大，如果將精力耗費在這些虛幻的事情上，「風險」實在太大。

有意思的是，當我們靠證書、學歷，走上工作崗位，決定我們在職業道路上能走多遠的關鍵，卻是工作能力和創新精神。

有些東西，看起來很虛，卻很實在。

很多關於「職場面經」的著作，教的就是如何展示超群的工作能力，將「虛」的內容，表現得形象動人，但面試技巧畢竟只能錦上添花，不能雪中送炭。高手過招，比的是內力。如何才能成為內功深厚的會計高手？兩個字：「練」「等」。「練」自不贅言，凡事不練都是空，關鍵在「等」。

剛參加工作的職場新人在工作伊始，覺得老員工很厲害，什麼都會，工作兩三年，開始看不起別人，常想，要是我來做，肯定會更好。偶得一次機

會，自己獨立操作才發現，看似簡單的工作竟難以完成。

「會計叔」：任何事情如燒開水，只有到了100攝氏度，才會質變，哪怕只差1攝氏度，也只能停留在量變的階段，我想這也是很多時候，我們不能持續成長的重要原因吧。

「算盤哥」：除了自己努力，環境也很重要，就像在高原地區，怎麼燒，水都不會有100攝氏度，一味地添柴加火也無濟於事。

要得到質變的「1攝氏度」，需要時間，除了添柴加火，還得營造環境。因為會計要想提升工作能力，一靠專業學習、二靠經驗累積，二者彼此依託。所以，日常工作中，我們可以用「試錯」的心態，幫其他同事完成做不了、不想做和做不完的工作。

如此這般的好處是，可以得到大量鍛煉的機會，而且出錯了不全是你的責任；壞處是大家會習慣於把工作推給你，工作量劇增，你會很累。但這的確是快速進步的最快路徑，因為絕知此事，要躬行。

這種方法還有一個專屬名稱，叫作「實彈演習」，在真實環境下，進行真實的操作，檢驗真實的效果。所以，不必抱怨沒機會，機會我們自己創造，在實踐中摸索雖然辛苦，但對工作能力的提升卻大有裨益。

正所謂，「熬出來的會計」，沒有大量實踐的累積，沒有實際工作的打磨，熟練掌握會計業務絕不可能一蹴而就、一步登天，而這一切的前提，就是時間，歲月催人老，但歲月也讓會計變得更好。

具備專業技能，但缺乏實操經驗的會計，不可能成為「好會計」，有工作經歷但專業技能低下的會計，最多算工作年限較長的「老會計」。

對於「老會計」和「好會計」，我們應思考三個問題：
①簡答題：為什麼「好會計」多半是「老會計」？
②證明題：「老會計」不一定是「好會計」。
③論述題：不當「老會計」也能成為「好會計」。
解答這三個問題前，我們先弄清什麼是「老會計」？
答：從事會計工作時間較長的會計就是老會計。
通常，公司提拔高級管理人員時，往往會這樣評價——「某同志工作多

年，能夠穩妥地應對突發事項，把握好複雜局面，進退有度，並合理恰當地解決難題」，除了這樣定性的評價，還會附上諸多工作業績。

幾乎所有行業，「從業時間」都是評價工作能力的重要指標，有朋友會說，這是論資排輩。憑什麼說工作時間短，就不能應對突發事項，就不能處理複雜問題？

因為工作時間短，遇到的情況少，處理複雜問題的能力當然就弱，僅憑自信和口號是沒有說服力的，業績才能讓人信服！按這個邏輯，一個好會計還真得是實戰工作時間比較久老會計。

當然，我們也聽到或看到，年紀輕輕就走上高管位置的青年才俊，看起來是推翻了「老會計」的邏輯。其實，還是印證了這個邏輯。

因為，「老會計」除了有時間長短的概念，還有「深淺」的考量。

對職業人從業時間來說，是縱、橫兩根軸同時進展的。「橫軸」是春去秋來，由地球負責；「縱軸」是工作付出，由我們自己負責。

舉個例子：普通的碗過一百年還是個碗，但製作精良的碗放一百年就成了文物。一個會計天天審核憑證、編分錄、做報表，干一萬年也是普通會計。另一個會計經常接觸投融資工作，兩三年的時間就把財務、會計工作通通實操一遍。換作各位，您讓誰當高管？

要成為「好會計」，除了時間的累積，更得看工作的深度和廣度。

會計工作就是如此磨人，一蹴而就是不可能了，厚積薄發才是王道。要當一個好會計，得先當老會計，三五年不算短，十年八年不算長。筆者也想編出「會計高手速成大法」，讀過之後「保就業」「保領證」「保當高管」，怎奈造詣不夠，實在無能為力。

我們唯一能做的，是通過時間縱軸上的努力，縮短在時間橫軸上的等待。

接下來的三個樣本，向大家展示了如何成為「好會計」的通常路徑。我們運用「分析樣本提取關鍵因子去除糟粕取其精華法」，分析出從「老會計」成為「好會計」的最佳路徑。

樣本一：「會計是我工作的方式和工具」——H先生，從業13年，34歲，現任財務總監。

H先生畢業於專業的財經院校、本科學歷，入職即從事會計工作，中級會計師，無其他專業資格認證，歷任財務部核算會計、匯總會計、財務部副經理、分公司經理。

第三章　告別青澀，當一個「好會計」

H先生所在的公司，推行財務與集中管控模式，下屬成員單位均無核算職能，全部由總公司財務負責，所以，會計核算量相當大。公司還不願增加崗位，H先生的日子自然很難過。

按理說，工作量大就無暇他顧，偏偏H先生具有發散性思維，常琢磨業務經營的事，糾結於為何這個業務的成本增加了、那個分公司的費用又下降了。因此，部門同事對他的評價是「多管閒事，愛鑽牛角尖」，一句話，不怎麼受待見。

不受待見，還能成為財務總監？

因為沒其他人。

H先生所在公司高負荷、高強度地使用會計人員，於是，有條件的會計都跳槽了，無奈H先生沒有證書壓身，沒人要，走不掉。

走不掉就得接著干，直到原來的匯總會計辭職，公司「無人可用」加上H先生在公司工作時間較長，於是他「榮升」匯總會計一職並兼核算會計。

一個人干兩個人的事，加上H先生喜歡把一件事干成好幾件事，從此公司就是家，家就是公司，H先生却干得不亦樂乎。因為H先生一人擔綱多職，覺得備受重視，所以拼命工作。聽H先生這麼說，真心佩服他的樂觀態度，中國好員工就是你！

因為長期以公司為家，H先生和高層打照面的機會越來越多，領導以他為樣板，多次宣揚其吃苦耐勞、勇於擔當、愛崗敬業（不愛不行啊，事情根本做不完）的高大形象。

這樣口號式的宣傳，極少有人當真，但H先生是「人中極品」，他不但當真，還更加雞血地將有限的生命投入到無限的工作中。

領導說的都做，領導沒說的也做，這就是H先生的主觀能動性。一年后，H先生榮升財務部副經理一職，但這次不是因為人手不夠，是管理層真心覺得H先生人才難得。

有類人基本不設定目標，却一直在用功，除了埋頭苦干還是埋頭苦干，這種人，很純粹，純粹得像「傻子」。H先生就是這樣的「傻子」，給他一個平臺，就像擁有了全世界，如永動機般瘋狂地工作，根本停不下來！

但不久后的一件事，讓H先生遭遇了職業生涯的大考驗。

H先生所在公司的業務原來集中於華東五市，但公司的持續發展遭遇了業務增長的天花板，必須開拓中西部市場，於是，公司在長沙、成都分別設立了分部，但經營不盡如人意，領導就動了換人的想法。

公司廣發英雄帖，希望大家能自告奮勇地為公司分憂解難，結果是觀者眾多，伸手揭榜的人沒有。畢竟，新市場的機會多，風險也大。

最后無錫分公司的總經理雀屏中選。組織安排是不容拒絕的，無錫分公司經理覺悟高，自然遵從公司安排，但有個條件——H先生得陪著一塊兒去。

原因有三：一是長沙和成都兩個分公司相當於公司的「特區」，經營得有自主權，這樣才能放手開拓市場；二是新公司得有人負責管內務，財務是核心，所以，能管財務的人是首選；三是作為公司開疆拓土的戰略舉措，得有能打硬仗的領導層。

綜上所述，不二人選——H先生。

於是，H先生一頭霧水地被任命為分公司的副經理，雖說是負責財務，其實人力、綜合的工作都得干，時不時還要談業務、跑市場，但H先生再次發揮強大的主觀能動性，扎根中西部，創業在路上。

這一干就是三年，公司中西部市場的業務，實現了盈虧平衡，業務複合增長率達到8%。

但凡出業績的地方，就容易出領導。H先生因為其多崗位、多層級、跨地區的鍛煉，加上懂財務、會業務，被破格提拔為集團公司財務總監。

「會計叔」：H先生多年的會計工作是其職業進步的基礎，H先生從老會計變為好會計，再成長為公司管理層，是典型的從財務走上高層的會計職業晉升之路。

「算盤哥」：H先生的敬業和苦干，為其帶來各種機會，看似偶然的職業升遷，却隱含了必然的規律。后面我們進一步分析會計人職業生涯的發展規律。

樣本二：「會計是我發揮才能的平臺」——L先生，從業5年，29歲，某公司財務部副經理。

L先生畢業於某著名大學的金融專業，碩士學歷，入職時從事會計工作，有中級會計師、註冊會計師、稅務師、ACCA的專業資格認證，歷任財務部核算會計、資金管理員、財務分析師，目前任財務部副經理。

大家一定被L先生一大串金光閃閃的證書「亮瞎了眼」，國際的、國內

的會計認證一應俱全，走南闖北、行走江湖都不在話下，自然是財務經理的不二人選。對於各種豔羨，L先生却是處之泰然。在L先生看來，考試是最容易的事。

證書的事按下不表，我們說說L先生的職業經歷。

L先生學的是金融，做的却是會計。因為L先生所在的公司是全球排名前三的投資公司，作為行業翹楚，門檻自然不低。在這家公司，只要能想得到的世界名校，都能找到其畢業的學生。

L先生出身也不低，但高手實在太多，只能在公司的后端部門求得一職，先從基礎核算做起。

說基礎，其實一點也不簡單，L先生需要經常接觸「交易性金融資產」「長期股權投資」「融資租賃」這樣的內容。總之，大家平時用得少或基本不用的專業內容，都是L先生的家常便飯。

核算的難度，可以造就專業的高度。

加上L先生所在的是跨國企業，同事不是Henry就是James，報表也是先出中文版再出英文版，所以，L先生的中英文是自由切換，加上不菲的薪酬，簡直就是會計界的「都教授」，多金又多知。

環境造就人，換誰在這樣的平臺干上五年也是金字塔尖的高手。

這家公司的工作理念是，一件事情只教新人兩次，第三次還不會，就會考慮其能力是否適應當前崗位。更要命的是還不能出錯，畢竟，公司做的是幾千萬上億元的大生意，要出錯了可不是小問題。

公司不會白白給工資，先得員工創造價值，所以在這家公司工作的人緊張、高效、壓力大。

L先生算是高智商、高情商的「雙高人才」。憑藉高智商，遊刃有余地適應工作要求；憑藉高情商，既能與外國同事「國際交流」，又能與中國同事「民俗交流」。

由於各維度全面發展，「五好員工」的L先生從業期間，屢次高分通過公司人力評估，一路升職，獲得財務部副經理的職位。

這就是L先生的職業案例，大家是不是羨慕嫉妒恨，是不是覺得這才是會計該有的工作狀態，是不是覺得在現有的工作平臺上被低估、被限制，有一種「懷才不遇」的遺憾？

「會計叔」：L先生代表了一批高學歷、高技能、多資質的高端財務人員，這是我們夢寐以求的狀態。看來要成為一名優秀的高端會計，不一定需要過長的時間，環境、平臺和機會也很重要。

「算盤哥」：但是，L先生的案例不具有普適性，大家對L先生的經歷有各種各樣的觀點，我們從不同角度分析，可以得出很多有意思的結論。

我們再看下一個「樣本」。

樣本三：「會計是我工作的全部內容」——D先生，從業24年，43歲，現任財務部匯總會計。

D先生畢業於財貿校，高級會計師職稱，歷任財務部核算會計、稅務會計，目前任職匯總會計。

D先生是筆者最早接觸的同行，D先生給筆者建立了最標準的「會計」形象：嚴謹、細緻、不做出格的事，凡事精確到小數點后兩位。

大家一定覺得D先生是個古板的「老會計」，其實不然，D先生擁有眾多愛好，琴棋書畫均有涉獵，還是當地攝影協會的創辦者，生活得有滋有味。因為從業時間早，D先生經歷了國家財稅體制改革的各個階段，工作經歷相當豐富。

但D先生有個特點：基本不加班。在手工做帳時期，一個人就能做出幾無瑕疵的年報，簡直就是人腦計算器。隨著電算化的推廣，D先生的工作更是手到擒來，嚴絲合縫，堪稱實務操作之「教科書」。要說D先生是專家級的會計，完全配得上。

要成為專家，得專一、專注和專心，時間一長，自然就成了專家。但如果沒有「三專」，時間再長，最多也不過是老人家，成不了專家。

但問題也出在這個「專」上，因為只專注於會計工作，自然無暇顧及其他，又因為D先生從不加班（前提是上班時間內就完成工作），當然對財務以外的事情知之甚少，於是問題出現了。

單位曾多次考慮提拔D先生為部門經理，但D先生只專注於財務會計工作，其能力無法承擔經理崗位的其他內容，最終D先生只能堅守在原崗位。

第三章　告別青澀，當一個「好會計」

　　這一干就是幾十年，但 D 先生的態度是：公司離不開他，部門又很需要他這樣的老會計，雖有遺憾，但不失落。

「會計叔」：D 先生是會計行業裡最常見的「老會計」，經驗豐富、技能嫻熟、踏實肯干，但「封閉」在會計工作中，失去了跳出會計做會計的可能。當然，不可否認，D 先生的確是個「好會計」。

「算盤哥」：D 先生的案例的確反應了「老會計」和「好會計」之間緊密的聯繫。

　　三個樣本映照三段不同的會計人生，從中我們能看到自己的過去、現在和將來。至此，我們將「老會計」和「好會計」的簡答題、證明題和論述題的答案整理如下，請讀者品評。

　　①簡答題：為什麼「好會計」多半是「老會計」？

　　好會計是對一個會計「質」的評價，老會計則是對一個會計「量」的評價，質、量的關係就是從累積到昇華的過程。缺乏量的累積，不可能有質的飛躍，所以好會計首先得是老會計。

　　正如三個案例中的主人公，不論高居總監職位，還是堅守基層崗位，都歷經了基礎工作的磨礪，層級雖有別，但都是名副其實的好會計。有朋友會說，D 先生起步早、經驗足，卻遠不如后來者，最多算是老會計。

　　以成敗論英雄不是歷史唯物主義的思維方式，更糟糕的是，狹隘和偏激地認為「成功」就是職位、職務所代表的功名利祿，只會陷入「精英理論」的狹隘中無法自拔，職業道路反而走不好。

　　②證明題：「老會計」不一定都是「好會計」。

　　大家還記得普通的碗有別於文物的碗麼？時間是經驗累積的基礎，但不在職業的深度和廣度上提升，光靠時間的推移，我們只會感嘆，時間都去哪兒了。

　　我們曾抱怨年復一年、日復一日，工作毫無建樹，是因為會計工作只有這麼大的舞臺，是選錯行業，阻礙了我們建功立業，如果換個行當，一定會生活得有滋有味，工作得有聲有色。

這是典型的「生命在別處」的人生邏輯——我所擁有的都是不好的，不是因為我的問題，是環境和條件限制了我。

為什麼「老會計」不一定都是「好會計」，當然與職業規劃、經驗能力和工作機遇有關，但這些不過是工具，用工具解決問題才是目的，如果沒有積極的工作態度、正能量的心態，就算手持武林絕學，也干不過只會搗沙包的傻小子。

一個「好會計」，與專業、技術和經驗有關，更與工作態度、人生心態相關。

③論述題：不當「老會計」也能成為「好會計」。

這個說法應該能反應出會計新人們的心聲。走上工作崗位，從打下手、干雜活開始，少則二五年，多則八九年，差一點的混到匯總會計的崗位，好的能走上部門負責人的位置。

這期間還要不斷學習，經過職稱的、專業資格的、學歷的考試，總之，活到老、考到老。但就算考得各種證，想換工作，如果沒有相應的從業經歷，對方還會懷疑執業水平。真正是「你說你想要逃，偏偏注定要落腳」。

如何才能具備「老會計」的經驗值，又不需要干到天荒地老？

案例中的L先生就做到了，因為他有一個寬廣的平臺，在這個平臺上還做出了成績，並且，工作成績還被公正地評價，得到重視。

問題是，L先生那樣的平臺不是我們想去就能去的，L先生的聰慧也不是我們想有就能有。那H先生的故事呢？平臺、能力都不如L先生，一樣當上了總監一職。但H先生愚公移山的精神，幾人能有？

所以，如果有選擇的機會，我們一定要爭取大平臺的工作機會，平臺高低的差異，對會計發展的影響會是量級的差異；如果沒有選擇的機會，請以H先生為榜樣，以盡善盡美的態度完成工作。不要認為這是「奴化」教育，當工作沒有選擇，還有一個「沒有選擇的選擇」——做好還是做壞？譬如H先生，埋頭苦干，屢次突出重圍，從勝利走向新的勝利。

但也不要認為苦干就一定會收穫，H先生的故事裡，有一個極易被忽略的要點：H先生擁有發散思維，常琢磨公司的業務經營。

還記得這個點麼？

所以，筆者要告訴大家的是，H先生一直在做一件極有價值的事——尋找會計原則和生意邏輯之間的平衡點！

所謂「好會計」以及「好會計」的價值就在於此。讓會計原則和生意

第三章　告別青澀，當一個「好會計」

邏輯嚴絲合縫、琴瑟和鳴地結合在一起，做到了這一點，我們就是頂尖的「好會計」。

讀者們如參透了這個道理，熟稔地運用這一概念，從「老會計」質變為「好會計」的時間就越短。

「算盤哥」：理清「老會計」和「好會計」的辯證關係，我們也算找到了成為「好會計」的現實路徑，看得出來，一定時間的從業經歷是必不可少的，在這期間還得多崗位鍛煉，不能單純只做某幾樣工作。

「會計叔」：經驗＋思考＝專業技能，會計專業＋經營思維＝職業能力。沒有時間的累積，這一切都是空，而會計的經營思維，是正確處理核算、管理和經營的基礎，這正好是下一節，我們要探討的內容。

第二節　核算、管理和經營還是經營、管理和核算
——「會計工作的三個層次」

「會計叔」：這一節，我們將同時接觸財務會計、管理會計和經營會計，這是非常專業的內容，既是會計工作的三個層次，也是會計理論的三個研究方向。

「算盤哥」：通過瞭解會計工作的三個層次以及三者之間的關係，可以幫助我們理清會計工作的先後順序，找到核算、管理和經營三者相互融合的結合點。

　　會計的理論中，財務會計起步最早、體系最完善、應用面最廣。管理會計出現在工業革命時期，依託於管理理論和財務技術發展至今。經營會計目前還不是一門獨立的理論，它屬於管理會計在實務應用的延伸，其核心是運用會計信息與業務經營之間的關係，利用精準、即時的會計信息，推動經營高效率地運轉。

　　從理論發展的先後順序看，財務會計在先，其次是管理會計，最後是經營會計，但在實務工作中，則是經營在先，后有管理，最后才是會計核算。

　　財務會計之所以最先形成獨立的理論，很重要的一點是核算的規律被概括抽象的難度最低（理論化難度系數較低）。所以，在農耕經濟時代，簿記技術的脈絡就基本確定，會計的理論框架也初見雛形。

　　有意思的是，農耕經濟時期的會計理論已發展到相當高度，但却沒有催生管理會計的出現。顯然，催生管理會計的內在動力，出現在工業革命以後——工業時代標準化、流程式的大規模生產，使「成本」成為會計研究的重點。

　　所以，我們在管理會計中最常看到的，就是關於成本管理的內容，這方面最早的著作包括：亨利·梅特卡夫的《製造成本》、埃米爾·加克和M·菲爾斯的《工廠會計》以及E·韋伯納的《工廠成本》。

　　有意思的是，這些著作的筆者身分都比較「奇特」，除了M·菲爾斯的

專業是會計，亨利·梅特卡夫是軍械師，埃米爾·加克是電氣工程師。

看得出來，以成本研究為主要內容和線索的管理會計，並非是會計的專利，更多的是來自生產一線的管理創新。

鑒於此，我們大致可以推論出成本管理的一般邏輯——會計負責計算、歸集和分析成本數據，而成本管理相關的方法、技術和工具，主要來自生產（經營）一線人員的研究和突破。

管理會計的出現意味著，在會計領域科學管理概念的建立和發展。管理會計發展晚於財務會計，在研究體系上也沒有財務會計成熟，但研究的思路更廣闊，只要是與經營相關的內容，都可能成為管理會計研究的對象。

管理會計比財務會計的應用範圍更廣，管理會計更「自由」。

而自由，是創新的基礎。

「會計叔」：所以，會計人員要想在會計工作中創新，要想在職業道路上更上一層樓，就應該關注管理會計的應用。

「算盤哥」：令人遺憾的是，在實務工作中，我們通常聚焦財務會計領域的工作，管理會計只是偶有涉及，而經營相關的內容幾乎不參與。

財務會計是管理會計理論發展的基礎，但在實務中，財務會計卻常常掣肘管理會計的運用。比如，固定時點、固定格式的財務報告，客觀上卻掣肘了管理會計的時效性和靈活性，造成會計信息不能滿足公司動態管理的需求。

同時，管理會計是根據被財務會計「修飾」后的信息，對經營活動進行價值判斷，這樣的「二次」信息，要麼顯得過於粗略，要麼內容已經扭曲。

如何通過管理會計，有效提升會計信息的應用價值？對於較少研究管理會計的我們來說，這是個難題。

雖然，我們學習管理會計理論的時間和程度不及財務會計，但在實務工作中卻經常接觸，比如預算、分析、業績評價、資金和資產管理等工作，都屬於管理會計的範疇，我們通常所說的財務管理，主要指的就是管理會計的內容。

所以，要掌握管理會計的理論和技術，除了廣泛學習理論，關鍵在於實務工作中的技術運用和經驗總結。管理會計的理論很廣博，但總結起來，可以歸結為三件事，事前預計、事中分析和事后評價。

工業革命后的規模化生產對成本信息的依賴，激發了公司對成本計算的需求，隨著批量式生產的擴大，產品品種不斷增加，如何分配間接費用成為技術難題——成本計算正式成為學術研究的內容。在這裡，筆者建議大家看看 120 多年前的兩本著作，一本是《製造成本》，一本是《工廠會計》，兩本書描述的內容並不複雜，但書中的理念，却是后期管理會計理論和實務應用的基本脈絡。

不同於財務會計以「會計信息質量」為核心的發展思路，管理會計的發展，是以財務管理技術的創新為主要方向。比如，標準成本法，就是在《科學管理原理》一書中提出的標準化管理制度上，衍生出的管理方法。

理論催生了實務應用的創新，實務應用的創新也能創造新的理論。

豐田公司的「目標成本管理」就催生出目標成本管理理論。資歷較深的朋友，一定聽說過「邯鋼經驗」，其精髓——「模擬市場核算，實行成本否決」就是對這一理論的再運用。

之后的作業成本法，則是企業成本管理最成熟的理論和實踐運用，大家可以看下《推進作業基礎成本管理：從分析到行動》，這本書的內容相當具有實操性，完全是作業成本法運用的技巧匯編。

作業成本法看起來只是計算和歸集成本，其運用却相當複雜，需要公司所有部門的參與，其邏輯是通過「作業動因」和「成本庫」的建立，計算成本並追溯變動原因，以達到準確歸集和分配成本的目的。

實踐是檢驗真理的唯一標準。作業成本法在理論上行得通，在實務中也能有效運用，有效解決了會計信息和經營活動之間難以建立邏輯關係的「世界性」難題。

所以，我們強烈建議各位朋友一定要掌握這門技術，這對我們開展成本管理的好處是大大的。

作業成本法不僅在成本管理應用方面意義重大，基於作業成本法衍生發展出的預算管控、經營分析等科學管理理論和應用工具，已是實務應用中最重要的內容。

這其中，最著名的是泰羅的科學管理理論，不僅成就了標準成本法，還將預算控制技術引入經營，作為管理會計重要的內容。1922 年《預算控制》

一書，第一次全面介紹了預算控制理論。

預算管理作為理論研究和實務應用中最深廣的內容，是我們在學習管理會計時，最值得研究的。

說到這裡，不得不八卦一下誰是最早應用預算管理的國家，毫無疑問，是我大中華。周代的「九賦九式」制度，就具備了預算控制的主要特徵，隨著歷代逐步完善財政制度，不斷確立具體的預算執行標準。

但到了近現代，主流的企業管理理論都起始於歐美國家，中國的預算管理研究逐漸落后，並且差距越來越大。直到20世紀七八十年代，我們引入並學習西方管理理論后，預算管理在企業中逐步推廣，預算理論研究才開始與國際接軌。

理論是一回事，執行才是關鍵，而預算的執行，恰恰是個麻煩事。

20世紀40年代，以利潤為導向的財務預算取代了成本預算，全面預算管理成型。十年后，參與式預算催生了溝通協調的預算管理模式，目的是調動預算的參與性。

這又產生了新的問題：因為預算的下達者和預算的執行者，通常是委託—代理關係，價值觀不完全一致，有時甚至南轅北轍。曾經，有公司評估預算執行效率時，出乎意料地發現，單向的、較少溝通的預算，其執行效果反而高於多次溝通的預算執行效果。

更奇怪的是，單向的預算編製方式，上下級管理層的矛盾反而更少，當然，這可能是矛盾沒有顯性表現的機會。總之，評估結果是，單向下達預算的方式，執行效率更高，並且效果更好。

這個現象，理論界稱之為「預算松弛」。

「算盤哥」：預算是管理會計中最高級的管理應用，值得我們仔細研究。前面提到的問題是預算作為管理工具，在實務應用時遇到的困難，我們得想辦法解決。

「會計叔」：在實務中，預算在戰略實施、資源配置、營運控制、獎懲激勵等方面發揮了重要作用，我們可以從四個方面創新突破，用好用活預算管理。

第一，建立「由下至上」的預算編製和執行，以及「由上至下」的預算控制和考核體系。

預算管理看起來博大精深，其在實務中的應用關鍵在於理順上、下級關係。預算將工作責任、權利和義務劃分到不同層級，按照既定的經營方案，監督和考核業務經營的管理活動。所以，只要預算管理在執行環節出了問題，必定與預算編製、執行、控制和考核的定位，以及責、權、利的劃分有關。

所以，預算編製規則應由上級制定，下級具體執行，但預算編製的具體內容，則應是由下至上的方式完成，不能簡單粗暴的由上級管理層以「任務」的方式，直接下達或分配給下級單位。

然而，在實務操作中，上級部門往往是「實質」上的預算編製主體，加之控制了考核權，下級單位只能按部就班地執行預算，徹底淪為「生產車間」的角色。

最后，先進的預算管理變為了粗淺落后的「生產計劃」。

而這也是預算管理的最大難點——價值觀的差異。

上級單位當然希望實現更高的業績指標，而下級單位則傾向於完成低勞動強度下的業績要求。公司當然可以憑藉強大的「行政力」推動預算管理，雖然很有「效率」，但本質上，預算已失去了溝通上、下級經營思路的作用。

只有自下而上的預算編製過程，才能真正起到溝通經營策略、明確戰略方向、統一價值觀的作用。特別是，市場化程度越高，個性化生產方式越明顯的公司，越需要由下至上的預算編製過程。

第二，預算管理的關鍵，是構建業績指標和業務活動之間的因果聯繫，並通過這樣的「因果關係」控制經營行為。

預算管理的發展受經濟形態、商業模式和管理技術的影響，但管理的目標從未變化——提升公司的經營活力與管理效率。所以，預算管理的關鍵，在於挖掘經營活動的內生「動力源」，以及運用業務動因，構建可實現的預算方案。

道理很簡單，執行起來却很複雜，有時候甚至無法實現。

比如：收入、利潤和現金流業績指標，我們可以轉化為合同簽訂量、成本支出和應收回款相關的業務動因。以合同簽訂量為例，還需進一步分解為：市場佔有率、產品交付能力、客戶感知度等內容，只有抓住與「合同簽訂量」相關的所有業務內容，對應的預算方案才算切實可行。

如果說發現和挖掘業務動因算是比較困難，那麼，找到業務動因和業績

指標的關係，就是難上加難。這需要業務部門和財務部門共同參與，雙方合作共同建立「生產（經營）函數」，並確定「業務行為」轉化為「財務指標」的修正係數。

仍以合同簽單量為例，我們將「市場份額」作為關鍵業務動因，要建立市場份額和經營業績的生產函數，先得確定市場份額與合同簽單量的關係，再根據合同簽單量與業務收入的「轉化率」，計算出每一個百分點市場份額增長，會帶來多大的業務收入增長。

比如，市場份額每增長1個百分點，根據「生產（經營）函數」模型，業務收入相應增長2~5個百分點。如果管理層預期25%的年度收入增長，對應市場份額，就要增長5~10個百分點。

以此類推，預算方案中的所有指標，都可以一一對應連結具體的業務活動，同樣，所有的業務活動，也可以連結對應具體的業績指標。

依託業務活動與業績指標的邏輯關係，預算的編製、執行和控制就具備了可行的邏輯和現實的基礎——預算最重要的工作，就是建立公司業績指標與業務活動之間的關係。

「算盤哥」：預算執行的主體是經營層，雖然預算方案表現為財務指標，但必須轉化為具體的業務活動。

「會計叔」：單純以財務指標為內容的預算體系，通常會陷入「指標陷阱」，加上財務會計本身固有的局限性，預算反而有可能成為影響經營的障礙，而不是推動經營的工具。

第三，預算管理的終極命題是統一公司的價值觀。

預算管理的根本目的是告知員工，什麼是有利於業績目標的行為，也就是哪些事該做、哪些事必須做、哪些事不能做。這麼看起來，預算管理很像企業文化，都是為了統一價值觀。

形式上：預算管理通過目標指引，推動公司實現業績目標，但其本質是通過預算管理經營過程，以此統一員工的價值觀，上下協同一致，共同實現經營目標。

現實中：長期且持續的預算管理，確實能將管理層意志，灌輸到公司各

層面，最終，將所有人都變為公司經營「條件反射」的一部分。雖然，通過預算管理統一價值觀，耗時長、難度大，但一旦達成，經營將可靠且持續地按管理層意志有效推進。

第四，預算管理應同時從財務和業務兩個角度，評價公司業績，避免陷入功利思維的「預算陷阱」中。

預算管理會遇到如何恰當評價經營業績的問題。

舉例來說，公司年末遇到需要墊資的業務，但收入和回款，都在下一個經營期間內實現。請問，若是作為這家公司的負責人，你是否會接受這樣的業務？

看起來這是一個很低級的問題，有生意難道還不做？

在推行預算管理的公司，如果當期經營業績受到影響，管理層很可能放棄這樣的業務。原因很簡單，在預算執行者看來，如果當期業績受損，追求未來的業績就變得沒有意義。這樣，公司整體利益會因預算執行者的「理性選擇」而受損。

這就是為什麼推行預算管理的公司，經常出現提前或延后確認收入，遞延或虛增成本的情況。

要避免這樣的問題，我們只能同時從財務和經營兩個維度，評價公司業績，同時，調整業績考核的週期，從財務時間維度，轉變為業務時間維度。比如，我們以一個項目的週期評價其盈利情況，而不是單純地以年報數據反應的公司盈利情況，評價管理層的業績。

唯有這種方式，才能避免上述案例中，管理層放棄業務的負向選擇。

當然，在豐富業績評價維度的同時，我們還需要引入合同簽單量、單個項目盈利水平和回款效率等非會計口徑的業績評價指標。

「算盤哥」：由此可見，一個有效的預算管理體系，需要從業務到財務，再從財務到業務，循環往復多次，並找到影響業績指標的業務動因，這樣才能發揮激勵考核的作用，引導預算執行者按照管理層的意志開展經營。

「會計叔」：預算管理作為複雜的管理會計理論，普遍運用於事務工作中。但預算管理沒有固定且普遍適用的方法，我們在運用預算管理時應關注環境的變化。這正是經營會計的優勢所在，我們不妨借鑑一下。

第三章 告別青澀，當一個「好會計」

經營會計目前只是一個概念，還不是一門獨立的會計理論。經營會計成形於「阿米巴」經營模式，該模式將「會計是管理活動」的觀念發揮到極致，要求會計圍繞「銷售額最大化、經費最小化」的原則開展工作。稻盛和夫創立的京瓷和第二電信能幾十年持續盈利，日航空能扭虧為盈成為行業翹楚，有觀點認為，經營會計的運用是成功的關鍵所在。

如果我們研究過稻盛和夫的經營哲學，會發現經營會計的理論體系雖不成熟，但的確能將複雜的財務數據，一目了然地轉化為經營活動，有效實現以量化的數據，傳遞管理層意志的作用。

經營會計理念極致地展現了「經營第一、核算是管理的工具、核算為經營服務」的理念，但經營會計是阿米巴經營模式下特有的會計方法，不具備普遍性，不考慮環境貿然使用，很可能適得其反。

如此看來，到底是經營會計促成了京瓷、第二電信的成功，還是京瓷、第二電信的成功成就了經營會計，可謂仁者見仁吧。

這裡分享一個案例，便於進一步理解經營會計。

案例基本信息：公司通過連鎖店的方式銷售商品，商業模式屬於常規的傳統業務，核算方式是典型的進、銷、存商品核算法。為運轉該業務，公司在市區多處租賃門店，並配備廳店長、導購、駐點會計人員，為管控業務，還購置了一套銷售管理系統。

公司為提高銷售額和銷售毛利率，在代理級別（市級代理到省級代理、省級代理到國家級代理）和行銷政策（銷售折扣、產品宣傳）兩個方面著力，但代理級別的提升始終有上限，而行銷策略的同質化競爭，也難以持續激發消費熱情。

公司經營策略表現出邊際效益遞減的趨勢。

這家公司的會計小謝借鑑經營會計的思路後發現，運用行銷酬金激勵政策、商品種類配置、差異化行銷方式三個舉措，可以提高銷售量並降低行銷成本。但關鍵是如何確定會計信息和三個舉措之間的關係，並以此調整銷售行為，達到提高銷量和降低成本的目的。

所以，這就涉及如何建立經營會計體系。具體來說，包括三步：第一步，列出銷售成本明細表；第二步，列出銷售業務的「行為清單」；第三步，將「行為清單」上的內容一個不剩地，連結到成本明細表中各個項目。

需要注意的是，必須從「行為清單」到成本明細表進行單向連結，順序不得反轉。同時，「行為清單」所列內容必須是具體的行為或可物化的內容。

「連線題」做完后，再將配對成功的成本項目和行為內容抽離出來，組成獨立的可核算的「會計包」，並描述「會計包」中會計信息和經營行為之間的相互關係。

上述工作完成后，經營會計的具體運用是：依靠信息和行為間的關係，通過會計信息分析和預判經營行為，監測收入和成本的運行情況。簡單來說，通過會計信息反應的銷售業務，我們能一目了然地掌握任一行為對收入、成本的影響，可以快捷、準確地判斷出，應該加強的銷售行為，或是必須減少的低效活動。

雖然，經營會計有利於準確地管控經營，但也存在短板：
①會計的工作量劇增。
②會計必須熟悉公司業務經營活動的全部內容。
③需要能支撐經營會計運轉的信息化系統。
④需要業務和財務全員參與通力配合。

我們從經營會計搭建、運行的整個過程可以看出，其本質是以業務和財務要素為共同基礎，通過即時的會計信息控制經營活動。在這個過程中，會計人員從信息的生產者，轉變為站在經營最前端的管理者。

顯而易見，經營會計理念下的會計工作更加複雜，幾乎包含了核算、管理和經營在內的所有內容，運用的難度極大。

「會計叔」：經營會計結合了核算、管理和經營，有意思也很有意義，但是存在太多障礙和困難，目前還不能廣泛推廣，你覺得這個管理實踐，對我們的啓發是什麼？

「算盤哥」：它的意義在於，為我們如何定位核算、管理和經營，提供了方向。這些實踐活動也為財務推動公司價值創造提供了範本，算是做了些創新突破的工作。

財務會計、管理會計和經營會計三方面的知識，為我們如何定位會計工作的三個層次提供了思路。

以簡單再生產為主要形式的農耕經濟時代，管理會計不可能出現，即使出現，也是低效的，農耕經濟時期的會計做好核算足矣。

在大規模、標準化生產的工業經濟時代，核算的複雜程度完全超越簡單

第三章　告別青澀，當一個「好會計」

再生產的經濟內涵，公司對會計信息質量和財務管理技術的訴求不斷增強。財務會計和管理會計相互交叉融合，特別是在成本領域，管理逐漸成為核算的基礎，並蓬勃發展。

經濟發展進入了后工業時代，因為產品相對過剩和高效流通，個性化的需求越來越旺盛，公司又從規模化的流水線生產方式，向個性化訂單式生產轉變。在這樣的生產方式下，我們既是消費者，又是生產者，商業營運方式又「輪迴」到類似於農耕經濟時期的狀態，個性化和差異化成為競爭的主要內容。

在這個性化生產、定制化服務的時代，大規模、流水線式的批量生產模式正受到新的挑戰，標準成本、定額管理等工業時代的管理技術似乎正在失去控制成本、推動生產的作用。

在這樣的大環境下，管理成了會計工作的先決條件，以此為基礎，再完成核算工作，最後，我們根據會計信息完成經營管控的工作。所以，如果我們不懂經營，不能將核算與經營對接，傳統會計一定會被新時期的經濟形態拋棄。

擅長核算的會計因為不懂經營而被淘汰？感覺有點危言聳聽。這對一直以核算為主要內容的會計工作來說，是不可想像的。但我們根據經濟發展的一般規律，邏輯推演出來的結果正是如此。

未來會計工作的思維，應該是經營在先、管理次之、核算墊底。當然，會計人員的工作方式會因此改變、重點會遷移、難度也會加大，我們不僅要懂核算，會管理，還得在經營中找到解決財務會計的突破口。

「算盤哥」：看來會計的轉型勢在必行，對「好會計」的評價方式也會從精於核算變為懂經營、會管理。

「會計叔」：會計轉型是大勢所趨，接下來，我們立足核算、聯繫經營、結合管理，給讀者一些思路和方法。

第四章
告別狹隘，從經營的視角看資產

資產是過去交易或事項形成的，由企業擁有或控制的，預期會帶來經濟利益的資源。

會計對資產的定義，對非會計專業人士來說太抽象，我們嘗試用另外一種方式表達：資產是公司主動地干了某件事，產生了某個能帶來好處的結果。

由此，我們可以從經營的角度把握「資產」的三個要點：

第一，資產產生於公司有控制權的主動行為。公司以盈利為目的，開展有收益的經營活動。主觀上，公司不會做沒收益的事，但並非所有的經濟活動都是由公司控制的。比如，商品的供貨時點以及貨款支付方式，就受到供應商的影響，所以，有些貌似「資產」的內容，並非來自公司主動意願下的行為，不一定能帶來經濟利益的流入。

第二，資產是經濟行為產生的確定結果。比如，公司為開發某新型產品支出大額研發費用，可最后該項目沒有研發成功，相關支出就不能成為資產。

除了行為活動必須形成確定的結果，這個結果還得是「有形」的。當然，這裡所說的「有形」是指經濟實質的存在。舉例來說，老板談了筆生意，既沒有採購對方的產品也沒有銷售自己的貨物，但雙方互生好感，預期將來有不少合作。在老板看來，這樣的預期是「資產」，但在會計看來，沒有可計量的對象，不可能僅憑雙方的「美好感覺」就確認為資產。

第三，資產應是能帶來實實在在經濟利益的資源。有些公司列示的資產

第四章　告別狹隘，從經營的視角看資產

從金額上看體量巨大，但評估后却發現，已不具備價值創造的能力。這就是典型的「幽靈資產」，不過是具備資產的形式而已，不僅盈利能力低，還持續消耗公司的管理成本，或是拉低公司營運效率。

比如，貨幣資金作為評價公司支付能力的資產項目，資金存量越大，公司經營的資金保障系數越高。但貨幣資金餘額過高，也可能是缺乏可投資項目或是生產能力驟減，形成的資金冗余。

所以，接下來的內容，我們會從經營的角度審視資產項目，關注公司對資產的掌控能力，以及資產的盈利能力，從正反兩個方面解析我們曾經「熟知」的資產內容。

第一節　貨幣資金、應收帳款和應收票據

一、貨幣資金

貨幣資金是資產負債表中的第一個項目，也是大家最常接觸的核算內容，如果只從核算的角度解讀貨幣資金，意義不大。但要是從經營角度看，貨幣資金的內涵非常廣博，我們可以看出四個方面的內容。

（1）貨幣資金是理論上可供公司調配、使用的現金資源。

我們看年報時，會發現有些公司「貨幣資金」餘額那是相當大，但看到這些天文數字時，千萬別被唬住。因為貨幣資金項目反應的內容，不一定就是公司的現金資源（比如代收款），即使屬於公司，也不一定是能用的，就算是能用的，也不一定是想用就能用的。

比如，政府撥付的專項資金（通常會設立專戶專項管理），公司在使用前需要報備或審批。又如，公司開展海外業務，受制於外匯管制，帳面體現的貨幣資金很難融回國內使用。再如，公司某些專戶的存款（受限制性帳戶或定期存款），使用起來就比較麻煩，不是隨時可動用的資金。

所以，貨幣資金只是「帳面」上的現金資源。

如果，我們看到貨幣資金餘額1,000萬元的公司，就認為比500萬元的公司「有錢」，就會在經營決策和投資決策中做出錯誤判斷。

通常，我們要確定一個公司貨幣資金的真實情況，必須解構貨幣資金的構成，簡單來說，就是根據性質將貨幣資金切分為不同的內容。

如圖4-1所示，通過解析資金構成，我們可以看出公司能隨時調動的資金，還可以看出不同「存放」形式下的資金結餘情況。

比如，公司的活期存款就是能隨時調動和使用的現金資源，但定期存款就不是想用就能用的，這樣的資金還包括有七天通知存款、三個月大額存單。一些真正無法使用的現金資源，也會反應在貨幣資金項目中，比如信用證保證金。

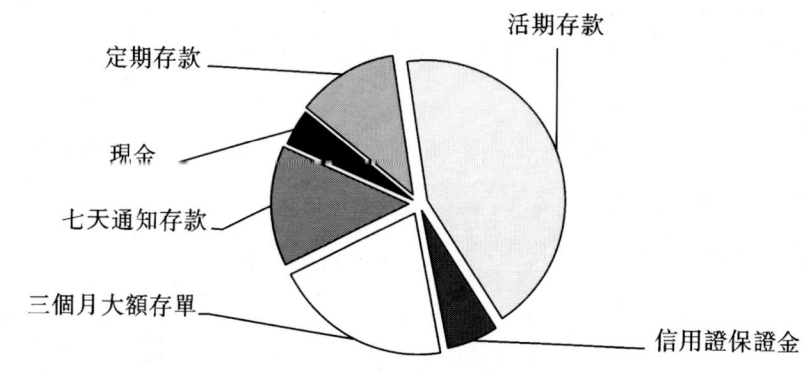

圖4-1 貨幣資金明細構成圖

（2）過多的貨幣資金，代表了較強的支付能力或偏低的營運能力。

通常來說，貨幣資金越多，公司償付和購買能力越強，但從經營的角度看，貨幣資金過多，有可能是因為營運能力偏低。

貨幣資金增長，一般是業務增長且持續回款的經營結果，但在公司經營萎縮、業務線收縮的時候，因為沒有新增支出，並大量收回前期應收帳款，在短期內也可能出現貨幣資金上揚，甚至井噴的狀況。

貨幣資金餘額增大，有可能是公司業務衰退時的「回光返照」。

所以，評價某公司貨幣資金是否良性增長，需要結合業務變化分析，比如公司新增合同收入額等業務數據。

在實務中，我們還可以結合「存貨」「應收帳款」和「主營業務成本」，判定是否因為營運能力下降，造成了貨幣資金的上升。

如圖4-2所示，公司1~12月存貨和應收帳款不斷降低，貨幣資金餘額不斷上升，同時「主營業務成本」逐期下降。

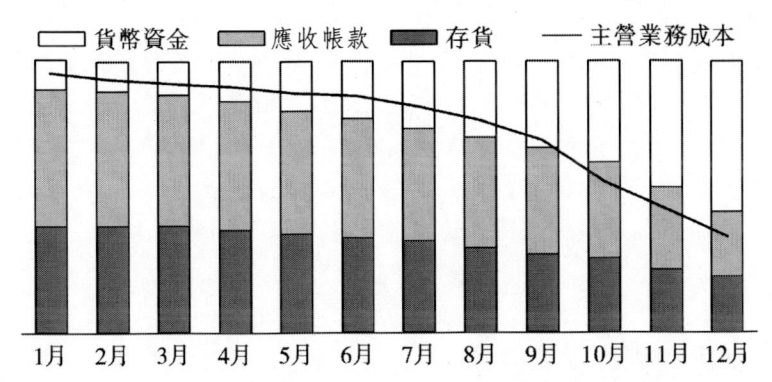

第四章 告別狹隘，從經營的視角看資產

圖 4-2 營運能力對貨幣資金、應收帳款、存貨和收入的影響示意圖

我們逐項分析各個項目的金額變化，就能看出公司營運能力下降對貨幣資金的影響：

首先是存貨餘額的下降，反應出存貨週轉率提高，或是原材料、商品採購量減少。可是，單看存貨項目，我們無法判斷到底是哪個因素影響了公司的運行效率。這時，逐期下降的主營業務成本為我們指明了方向，存貨餘額下降並非存貨週轉率提高造成的，因為存貨週轉率的提升，不會導致主營業務成本的下降。

所以，公司存貨餘額和成本總額同時下降的現象，反應出公司業務萎縮（營運能力不足）的狀況，同時，前期未收回的貨款在本年逐期收回，推高了貨幣資金餘額的增長。

所以，我們看到報表中存在巨額的貨幣資金時，先不要開心，因為還有一種可能——公司營運能力下降。

（3）貨幣資金本身的收益應與公司盈利水平對比。

因為資本具有追逐收益的天性，會不斷流向價值高地。所以，公司股東發現貨幣資金太低時，會擔心分紅沒保障，可能會撤資。

然而，貨幣資金沉積，沒有用於業務運轉，股東還是會選擇撤資退出，將現金投入價值創造能力更強的業務。

站在會計的角度，我們如何計算貨幣資金本身的收益？一個簡單的方法是，先計算出貨幣資金活期部分和定期部分（包括各種理財產品的所占用的資金）的收益後，再算數加總。

定期部分很好算，而活期部分則需要先確定月均餘額（月初+月末之和的平均值），然後按同期存款利率計算。最後，兩部分相加，就是貨幣資金

本身的收益（孳息收益），以此確定為資金最低收益率。

只有公司經營收益超過資金本身的收益，經營活動才有存在的意義，否則股東個人直接獲取孳息收益更直接、更高效（避免了所得稅影響）。

有了資金最低收益率數據，我們就可以評價經營活動的盈利能力。對經營者來說，經營收益的最低標準就是超過貨幣孳息收益。

（4）貨幣資金是測試業務經營的壓力指數。

貨幣資金對公司管理層來說有雙重壓力：一是資金短缺的壓力，二是資金冗余沉積的壓力。公司資金短缺時，業務無法開展，老板夜不能寐，甚至焦急到身體機能紊亂。資金冗余時，公司在選擇項目和決策經營方案時，對成本的敏感度又會降低，對風險預判不足，也就是常說的「錢多難免任性」。資金充裕、業務迅猛增長的公司，史容易將「成功經驗」複製推廣到新業務、新市場，甚至「自殺式」地擴大生產規模。很多公司恰恰是因為規模擴張過快，而導致了經營失控。

錢太少、錢太多，都不是好事，剛剛好才是真的好。

但是，如何確定最合理的資金量非常複雜，涉及公司經營、管理相關的所有內容，沒有普遍適用的計算模型。但是，作為評價資金運行效率的標準——「現金創利週期」（每1元錢一年內換回的現金收入）是容易計算的，而且具有相對可比的指標。

比如，公司上年每支出1元錢，換回現金收入是20元，那麼「現金創利週期」就是18天（360÷20）。如果本年每支出1元錢，換回現金收入24元，那麼本期「現金創利週期」就是15天（360÷24）。

如圖4-3所示，我們結合資金、收入和「現金創利週期」，可以分析出營運效率與貨幣資金關係的主要特徵：

①業務收入越高，「現金創利週期」不一定越短，更要看當期收入中現金的占比，也就是「現金收入」在總收入中所占比重。

②在業務萎縮的情況下，延長「現金創利週期」（運用賒銷政策）可以拉動收入的增長，例如圖4-3中10～12月數據反應的情況，但同時，公司的資金余額會下降。

③在資金有保障的情況下，「現金創利週期」是制定銷售政策、確定業務擴張策略的重要參考指標。

在其他條件不變的情況下，「現金創利週期」與經營效率有關。但是，只考慮「現金創利週期」就決定擴大經營規模，很可能拉低盈利水平。我們

第四章 告別狹隘，從經營的視角看資產

還需要考慮利潤的變化，才能做出準確的決策。

如果「現金創利週期」隨業務擴大而延長，且上升的趨勢越來越快，這時就應該考慮加大貨幣資金投入或縮減經營規模。如果公司決定要擴大生產規模，也應選擇變動成本占比較高的業務，避免固定成本的絕對增加，降低公司經營的壓力。

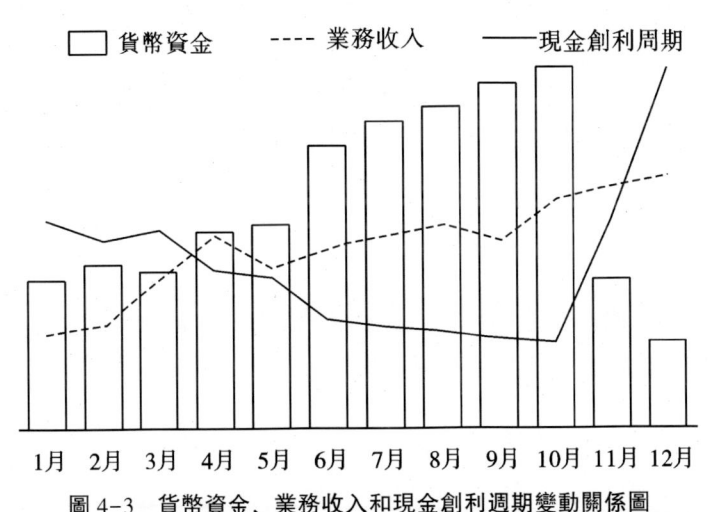

圖 4-3　貨幣資金、業務收入和現金創利週期變動關係圖

圖中「業務收入」包括現金和非現金收入，「現金創利週期」計算公式如下：

月度現金創利週期 = 360 ÷ [當月現金收入 ÷ (當期營運資金投入 ÷ 12)]

當月現金收入 = 當月收入額 - 當月新增應收帳款

當期營運資金投入 = 期初貨幣資金 - 現金分紅 - 股東撤資 - 還本付息資金 - 固定資產投資

總的來說，我們研究貨幣資金項目時，報表反應的貨幣資金信息有限。

站在經營的角度看，只有不斷滾動的錢才是真正意義上的現金資源，資金管理的核心就是不斷提高資金週轉效率。公元前五百年，範蠡同學就講過，生意的兩大要義是「務完物、無息幣」。「無息幣」說的就是不要讓錢沉積不動，應不斷投入經營活動，持續地創造價值。

「會計叔」：通過資金週轉效率判斷貨幣資金的流動性，就是站在生意的立場分析如何「錢生錢」，這的確是常規會計信息很少反應的內容。

「算盤哥」：只有從經營的視角分析資產項目，我們才能跳出財務看財務，跳出會計當會計，為公司服務，支撐經營。

二、應收帳款/應收票據

「應收帳款/應收票據」算得上最讓人糾結的資產項目。看起來是預期能收回的現金，暗地裡卻是說不清、道不明的風險，如同沉重的枷鎖，拖累生產經營。而且，帳齡長的應收債權作為「折價」的資產，還持續損耗公司價值。這部分的內容，我們就著重從資產價值的角度，解讀應收帳款和應收票據相關的內容。

（1）應收帳款是公司擁有的「現時」而非現實的債權。

應收帳款是公司經營成果的體現，是未來時點可能轉化為現金的資產項目，但從經濟實質看，應收帳款反應的是「現時」而非現實的債權。

「應收帳款」反應的只是報表時點債權的余額，只有確實收回的債權才是「現實」的現金流。

所以，不論能否在預期時點收回現金，應收帳款已經折價。應收帳款存在的這段時間內，公司至少損失了同等資金的利息收入，如果以利潤率為標準，應收帳款佔用資金造成的損失更大。

應收帳款從出現到消失，涉及的內容多，並且與經營、管理密切相關。應收帳款的帳齡時間越長，不能收回的風險越大，折價越厲害，並且公司將來收回債權所付出的成本也會大幅增長。

如圖4-4所示，我們運用「五力模型」分析應收帳款增長的原因，具體包括：業務增長、收款力度、客戶拖欠、業績壓力和管理效力五項。

這五項推高應收帳款的原因中，既有外部因素，也有公司主觀意願下的行為。但不論何種原因造成應收帳款的增長，都是我們在日常經營活動中需

第四章　告別狹隘，從經營的視角看資產

要突破的五個問題。

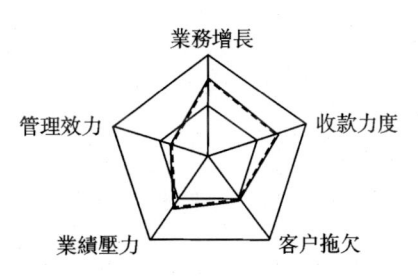

圖 4-4　應收帳款分析的五力模型

我們知道，公司業務增長帶動收入上升，同時也會推高應收帳款餘額。特別是業務迅速擴張的公司，這一點表現更為明顯。如果應收帳款上升的同時，應收帳款占收比基本持平，或只是略有上升，表明這是業務擴張時的「自然現象」，我們不必過於擔心。

收款力度降低也會造成應收帳款的增長。我們以「現金收入」在整個收入中的占比為標準，發現如果該占比持續下降，則表明公司拓展業務的同時，放鬆了收款工作。

應收帳款產生自賒銷業務，所以，客戶的付款速度直接影響債權回收情況。通常，我們根據合同約定的收款條款，就能看出客戶是否拖延付款，帳齡越長，表明拖欠的情況越嚴重。

除了外部因素造成的應收帳款增加，公司也會人為地「生產」應收帳款──在完不成收入指標的時候。這時，公司會提前確認收入，甚至虛構業務，因為這些業務不能在當期實現，也就談不上回款。所以，公司迫於業績壓力而粉飾報表時，也會推高應收帳款。通常，我們觀察年底期間應收帳款的變動情況，若是出現大額的、異常的增長，就說明存在「粉飾業績」的可能。

除上述四個因素，公司應收帳款的管理效力，也會影回應收帳款的回款。比如，有的公司甚至不能區分應收帳款的帳齡、客商和部門，如此管理水平，根本無法落實應收帳款的回款責任、對象和目標，自然會推高應收帳款。

（2）應收票據的「回款風險」低於應收帳款。

應收票據是由銀行信用或商業信用作擔保的債權。應收票據在確定時點

通常都能收回，而應收帳款考驗的是債務方的「人品」，很難說收款時點能否足額收回。

一個是確定的信用體系的保證，一個是虛無（商業角度）的「人品」保證，顯然，前者的信用程度高得多，債權不能收回的風險，相應也低很多。

（3）應收帳款可能代表了「虛假」的收入或虛構的業務。

我們知道，會計核算確認收入時，貸方反應為收入，借方要麼是現金、銀行存款，要麼就是應收帳款。從經營的角度看，直接收到現金的收入，一定是真實發生的收入。如果借方反應為應收帳款的收入，特別是不能在合理週期收回的應收帳款，公司可能遇到了「老賴」，對方惡意欠款。

更可怕的是，有些應收帳款是公司有意為之，主觀「生產」出來的。

特別是推行預算管理的公司，背負著收入考核指標，無法完成收入目標時，最直接的方法就是採用激進的會計確認政策，提前確認收入，但這還是「情節較輕」的行為。

如果提前確認收入，還不能實現收入目標，被考核的單位就會鋌而走險，選擇更粗暴的「虛構業務」的方式完成收入指標，這基本就是飲鴆止渴的做法了。

所以，當我們看到在某公司應收帳款中，存在長期未收回的應收帳款內容，很可能是虛構業務形成的收入，是根本不可能收回的應收帳款。確定是否虛構的業務推高了應收帳款，最簡單的方法是分析「應收帳款占收比」。

如圖4-5中展示的業務收入、應收帳款和「月度應收帳款占收比」三者之間的變動關係。我們可以看出，雖然10~12月的應收帳款總額下降，但「月度應收帳款占收比」卻快速上升。由此，我們可以初步判定，這家公司可能存在虛構的業務，或是虛增的收入。

要注意的是，我們這裡所說的「月度應收帳款占收比」是當期收入和當期應收帳款發生額計算的結果（月度應收帳款發生額÷月度收入發生額），這個指標能更加直觀地展示當期業務對應收帳款的影響。

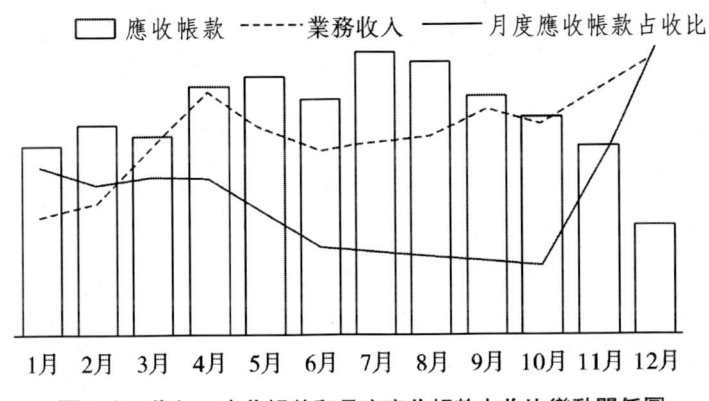

第四章 告別狹隘，從經營的視角看資產

圖 4-5 收入、應收帳款和月度應收帳款占收比變動關係圖

（4）一般來說，「三年」以上的應收帳款風險巨大，基本無法收回。

多長帳齡的應收帳款算是安全的？

按照法律規定，兩年是受法律保護的期間，但從經濟往來的角度看，三年是個極限。當然，這裡的「三年」是個相對的時間概念，帳期長短與風險高低的關係，受行業類型、經營階段、規模大小和商業模式等因素的影響。

舉例來說，在快消品行業，超過三個月的債權屬於長帳齡的應收款，但對大型製造或施工企業來說，即使長達三五年的帳期，也屬於正常的回款期。

所以，我們不能單純地按照會計核算時點劃分帳齡，而要根據業務屬性，劃定合理的收款期（行業平均水平），特別關注超收款期的應收帳款，重中之重，是那些超正常收款期帳齡較長的債權。

如圖 4-6 所示，我們按照業務口徑的回款時點，將應收帳款拆分為不同帳齡期間的構成，從中直觀地看出在經營活動中，真正存在回款風險的應收債權。

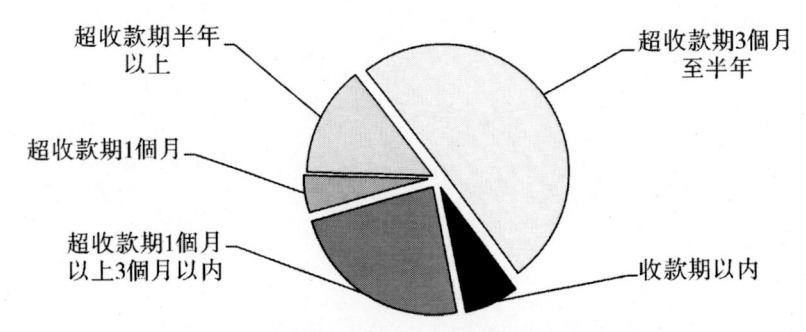

圖 4-6 按業務口徑劃分的應收帳款帳齡結構圖

從經營的角度看，只要超過正常回款期（行業平均水平），應收帳款不能收回的風險就開始增大，特別是「三年期」以上帳齡的應收帳款，從風險的角度看，應全額計提壞帳。

（5）應收帳款是評價市場拓展和營運能力的有效指標。

雖然應收帳款回款隱含各種風險，但生意就是在風險中尋找機會，所以，應收帳款可以作為市場拓展的有力工具。

一般來說，較長的帳期可以吸引更多客戶，有利於市場拓展。

比如，公司取得低息貸款，因為貸款利率和正常貸款利率之間存在利差，我們可以將這個利差，轉化為應收帳款的帳期（抵消應收帳款佔用資金的成本），用於擴大業務規模。

雖然，應收帳款有助於提升商品（服務）銷量，但運用應收帳款「促銷」的前提是，能在合理的帳期內收回資金，確保現金流穩定地流回公司。

如果滿足上述條件，我們可以將「自有資金+貸款上限」設定為賒銷的最高信貸額度，並結合回款週期，確定公司的賒銷政策，以支撐公司拓展市場。

如圖4-7所示，公司以自有資金作為賒銷最高信貸額度時，應收帳款回款週期為五個月。公司通過貸款籌集資金，提高了賒銷額度，回款週期上升到七個月，同時，公司擴大了銷量，業務收入相應增加。

要注意的是，我們能否保證在還本付息時點，公司擁有足夠的資金償付貸款，換言之，公司能否確保應收帳款的回款期，在貸款期以內。

如果在還款時點有足夠的資金保證，只要業務的毛利率超過利息成本，那麼通過貸款資金來延長帳期，當然就能實現擴大銷售、擴張業務的目的。

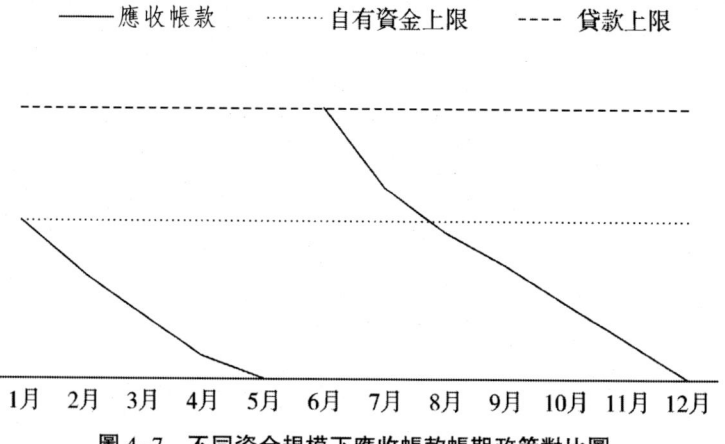

—— 應收帳款　　……… 自有資金上限　　---- 貸款上限

圖4-7　不同資金規模下應收帳款帳期政策對比圖

第四章　告別狹隘，從經營的視角看資產

（6）評價應收債權的標準也是衡量業務質量的標準。

我們通常會以毛利率和回款週期兩個指標評價收入質量。其中，回款週期直接影響資金成本，進而波及毛利率，所以，應收帳款的回款週期是評價業務質量的重要標準。

所以，我們應關注回款週期三個方面的內容：一是公司主要客戶的應收帳款回款效率；二是回款異常的應收帳款內容（超正常回款期的應收帳款）；三是應收帳款與收入的變動關係（應收帳款對收入拉動指數）。會計信息可以直觀反應前兩個內容，對第三項內容，我們以數據計算的方式定量分析：

應收帳款對收入拉動指數＝賒銷收入÷應收帳款加權平均值

應收帳款加權平均值＝∑單筆應收帳款×回款週期÷12

回款週期＝應收帳款出現到回款完成消失的時間

「拉動指數」看起來很像應收帳款週轉率，區別在於「拉動指數」採用了更精確的「賒銷收入」和「應收帳款加權平均值」。但麻煩也在這裡，因為「賒銷收入」需要對應具體的應收帳款，但應收帳款的「回款週期」又需要單獨測定。所以，我們需要分業務、分項目、分客商核算收入，並記錄應收帳款，並按回款衝銷對應的應收帳款。

除此之外，還得建立管理臺帳記錄上述信息。

勞心費力地做這些工作，不只是為了精細化管理，更重要的是為經營策略提供決策信息。

如圖4-8所示，我們可以看出不同分公司所屬業務、客商（客戶）的「應收帳款對收入的拉動指數」。比如，一分公司需要加強對「客商2」的回款工作，四分公司需要加強「B業務」的回款工作。同時，一分公司可以對「客商1」採用更寬松的帳期政策以擴大業務規模。

一般說來，「拉動指數」越大，表明每一元應收帳款帶動的收入額越大，說明公司應收帳款對業務擴張的效應越強。

但在某些情況下，我們也可以降低「拉動指數」以提高銷售的速度，比如新產品推廣期間，放寬應收帳款的帳期，犧牲一部分資金成本，有利於更快地擴張市場範圍。

■A業務　□B業務　□客商1　■客商2

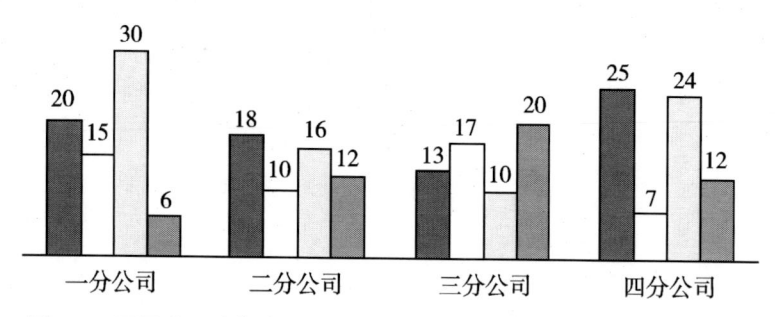

	一分公司	二分公司	三分公司	四分公司
A業務	20	18	13	25
B業務	15	10	17	7
客商1	30	16	20	24
客商2	6	12	10	12

圖4-8　不同公司分業務、分客商「應收帳款對收入拉動指數」對比圖

（7）應收帳款的變化反應了公司經營環境的變化。

公司股東關心資金投入后業務規模的增長情況，以及業務經營能否帶來預期的現金回報，換言之，錢投出去了，能產出幾分利。但有些業務天生就需要墊資，如果業務又處於萎縮狀態，公司就面臨業務增長乏力和應收回款受阻的雙重壓力，那真是要命。

作為股東，除了關注與經營相關的內容，可以通過應收帳款瞭解公司的經營環境的變化，具體包括三點：

第一，主要客戶的償付能力。假如主要客戶應收帳款的帳齡持續增長，且余額不斷增加，預示著公司面臨極大的經營風險，業務陷入大額墊資的境地，甚至會跟著客戶惡化的資金狀況一塊「跳樓」。

第二，主要客戶突然延長付款週期。比如，一直以現金結算的客戶，轉為應收帳款方式結算，或是付款週期為三個月的客戶，突然延長到六個月。從資金角度看，這就是典型的「冰山」信號，看起來只是結算週期的延長，其實表明客戶資金緊張的狀況，其暗藏的風險，就是公司主要的資金來源無法保證。

第三，公司應收帳款結算週期規律性的后移。這一點最直接的表現就是應收帳款週轉天數持續上升。特別是應收帳款帳齡開始有規律、大範圍、持續地上升。這就足以證明，公司正在陷入市場競爭加劇、商品（業務）滯銷、回款滯后的麻煩中。

第四章　告別狹隘，從經營的視角看資產

「算盤哥」：從經營角度看，應收帳款和應收票據項目居然蘊含了這麼多信息，看來，我們轉變思維后，就能從會計信息中挖掘更多有價值的內容。

應收帳款和應收票據項目反應的是公司最重要的資產內容，整個資產負債表中，要論最具「經營屬性」的項目，應收帳款和應收票據絕對是首選。

第二節　存貨、交易性金融資產

一、存貨

要論最複雜的流動資產項目，存貨一定問鼎桂冠。存貨不僅內容複雜，作為最容易出問題的資產項目，還會大量耗費公司的管理成本。我們若以存貨為原點，畫一張與之相關的會計科目關係圖，幾乎所有的損益類項目和大部分的資產負債項目，都會與存貨發生關係。

更重要的是，資產負債表中的存貨包括原材料、在產品、產成品、庫存商品、未結轉的工程施工、委託代銷商品等諸多內容。而且，每項內容的管理方式不同、涉及的經營風險不同、對公司營運能力的影響不同。

如圖4-9所示，我們可以看到不同的存貨項目，在日常管理中需要關注的重點，以及對應的管理策略和方法。我們可以明顯地看到，存貨與其他資產項目的最大差別就在於，沒有一個通行一致的方法，能夠涵蓋存貨所有內容的管理需求。

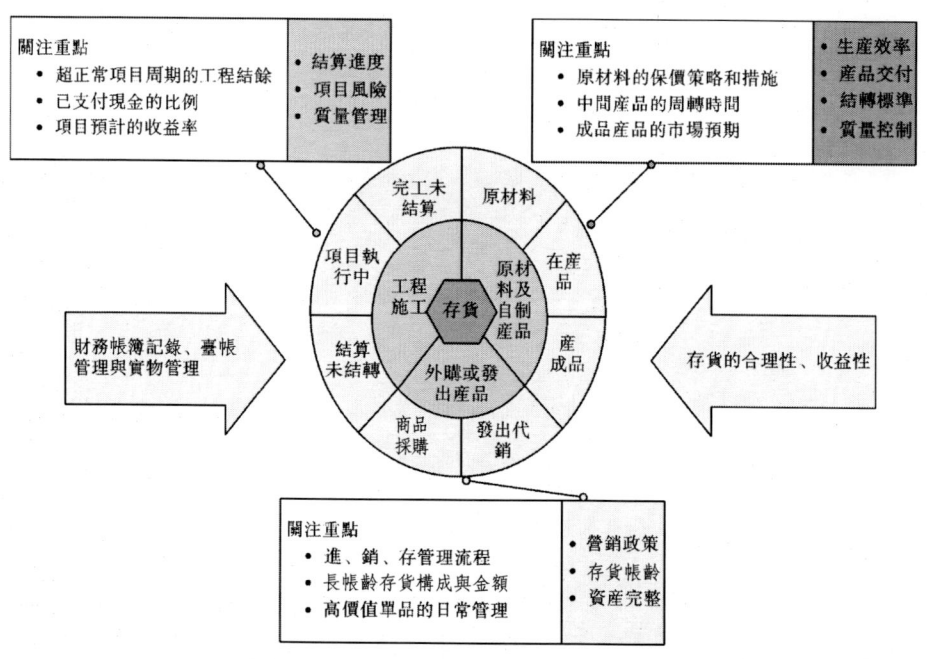

圖 4-9　存貨各構成項目管理方法展示圖

第四章 告別狹隘，從經營的視角看資產

這恰恰也是我們解讀存貨項目和存貨日常管理的最大難點。

存貨項目關乎業務經營和管理各條線的工作，關於存貨，我們至少可以解讀出七個方面的內容。

（1）存貨的增減變動可以反應公司的經營風險。

存貨是公司創造經濟利益的「實物資源」，存貨作為「流出的現金」和「收回的現金」的中間狀態，將其視為實物形態的「貨幣資金」，有助於我們理解存貨的經營內涵。

通常，存貨與公司的經營規模呈正相關關係。如果業務規模呈縮小的趨勢，但存貨項目却維持較高水平，甚至持續走高，一方面可能是存貨管理失控，採購了低效或無效的商品或原材料；另一方面可能是公司現有存貨內容已被市場淘汰，無法消化處理。

舉例來說，在圖4-10展示的內容中，我們看到本年收入較上年下降較多，各季度存貨餘額同比雖有下降，但下降程度不如收入。說明公司的存貨餘額偏高，我們再引入「月度平均採購量」數據，如果本年和上年的差異不大，甚至本年採購額還高於上年，則說明材料採購量超過經營所需，推高了存貨餘額的增長。如果本年「月度平均採購量」相應下降，則表明是前期的商品滯銷、庫存無法消化，造成的存貨餘額居高不下。

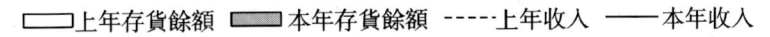

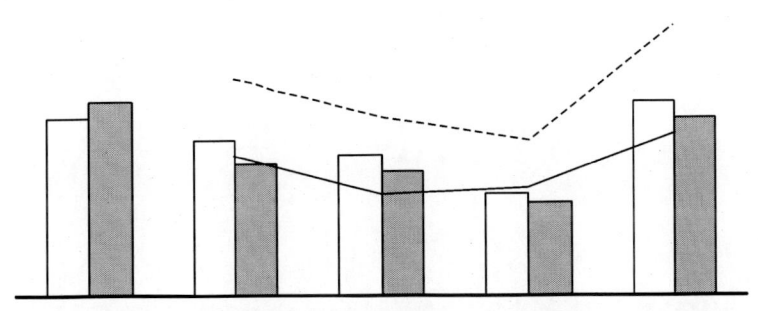

圖4-10 各季度存貨余額和收入同比變化對比圖

通過存貨我們可以看出公司經營規模和商業模式的變化，而經營規模和商業模式，是決定公司經營狀況的關鍵，讀懂存貨項目，我們就能抓住公司大部分的經營風險。

(2) 存貨不僅占用資金，存貨週轉效率還會影響公司盈利能力。

公司追求利潤，更關鍵的是利潤要轉化為現金。所以，停留在「非現金」狀態下的資產內容，既是公司擁有的資源，也是公司要解決的問題。

存貨作為實物形態下的「貨幣資金」，停留在實物階段的時間越長，資源的價值創造能力越弱，而失去了「價值創造」特性的資產，創造現金的能力也隨之消失。

問題在於，提高存貨週轉率是非常難操作的工作。

我們常常看到，市場熱銷的產品，其行銷成本低（轉化為現金的成本），而市場滯銷的產品，即使花費數倍的行銷成本，對銷售量提升的作用也微乎其微，甚至毫無用處。所以，存貨不僅占用現金，在存貨轉化為「現金」的過程中，還會消耗公司的行銷成本。

圖4-11展示了的存貨對行銷、管理、倉儲和資金的影響。存貨週轉效率降低，會推高存貨倉儲成本、管理成本和行銷費用。所以，我們面對滯銷的商品時，最好的方法是折價銷售，看起來是損失了一部分「價值」，實則降低了損失，變相獲得了收益。

具體來說，存貨的管理成本、倉儲成本和存貨占用的資金成本再加上消化存貨需要的行銷費用，總額就是存貨折價銷售的「打折」上限。我們只要在這個範圍內折價處理就是划算的。

圖4-11　存貨相關的管理和營運支出結構圖

(3) 存貨的構成和數量可以反應採購合理性與公司行銷能力。

存貨受外部經營環境和內部營運能力的影響，採購何種存貨、採購多少，與業務結構、經營規模、商業模式有關。將存貨項目與經營、市場、管

第四章 告別狹隘，從經營的視角看資產

理等內容結合，就可以看出採購合理性、業務生產能力、市場拓展力度等信息。

公司的主營業務決定了材料採購的具體內容。比如，移動板房的生產，需要工字鋼、彩色夾心板、岩棉板。除非業務發生重大變化，公司不可能大量採購水泥、河沙、鋼筋等材料。

所以，一方面，我們需要瞭解業務，知道公司各類業務的主要生產原料是什麼，否則存貨管理一定失控；另一方面，在存貨項目的余額變動過程中，我們通過三步，可以看出公司採購合理性與行銷能力的變化。第一步，運用「材料占收比」公式，根據存貨余額推算公司生產總量（預期銷售量）；第二步，以存貨余額時點為起算時間，統計「未執行完合同額」；第三步，對比前述兩個數據，若前者大於後者，說明生產量超過市場需求，反之則說明公司有能力消化未來生產的產品。

如圖4-12，我們假設某公司「材料（存貨）占收比」為85%，根據每月存貨余額，計算出各期存貨對應的預期收入后，再與「已簽訂合同收入額」比較。

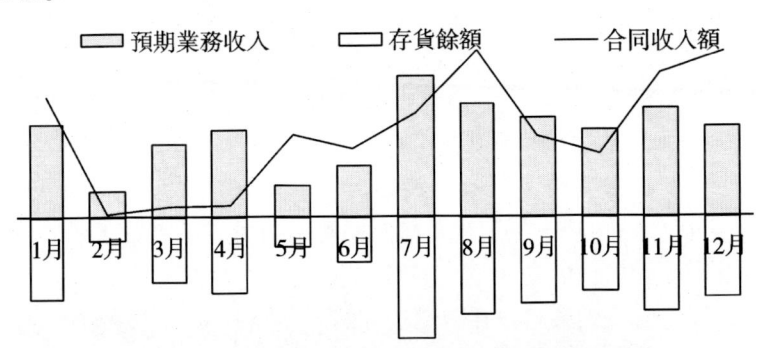

圖 4-12 存貨與業務收入、合同收入額的變動關係圖

可以看出，在2月、3月、4月、7月、8月、9月和10月七個月度內，公司的存貨余額超過了業務的需求。

換言之，超過合同簽訂額部分的存貨，是沒有「保障」的業務活動，需要公司開拓新市場、新客戶，通過業務規模擴張的方式「消耗」存貨。一方面，這是公司行銷能力的體現；另一方面，也是公司經營壓力的表現。

當然，這個方法不僅能檢驗以前期間存貨採購的合理性，還可以預測未來期間存貨採購量。比如，我們先預測各月度業務量（預計的收入額），根據業務量和「材料占收比」，就能算出存貨的最高保有量，進而確定各月度

存貨採購量。

我們還可以通過這種方式，確定業務拓展目標。

以生產企業為例，我們先確定各月度最低和最高生產量，再根據「材料占收比」計算各月預期最低和最高收入額。如圖 4-13 所示，公司應該在「收入下限」和「收入上限」之間確定業務拓展目標。

看得出來，存貨餘額的變化直接影響公司業務經營。存貨過低，不能支撐市場需求；存貨過高，又會造成經營的壓力。

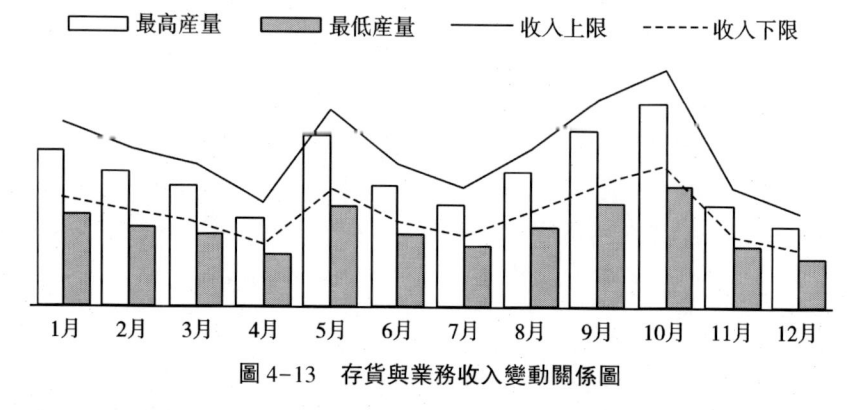

圖 4-13 存貨與業務收入變動關係圖

20 世紀 90 年代中期，恰逢消費市場爆發的機遇期，眾多食品廠商應市場需求快速成長，因為市場快速消化產品的能力，久而久之，大家對採購合理性的重視程度越來越弱。進入「買方市場」時期後，這些廠商出現「產能過剩」，同時面臨市場下滑和存貨積壓的雙重壓力，銷售嚴重滯后於生產，這些曾經稱霸全國的快消食品企業轟然倒塌。

所以，存貨管理的關鍵，在於摸清存貨、業務收入和市場拓展三者變化的關係。通過分析存貨變化的一般規律，掌握存貨與銷售能力和生產能力的變動情況，及時調整採購計劃、行銷政策。在保證市場供給的前提下，盡量壓低存貨餘額。

（4）存貨可能是隱藏收入、滯留成本的秘密「儲備」。

我們通過應收帳款可以發現虛增的收入和虛構的業務，存貨也有這樣的「功能」，不同的是，存貨對損益的影響，體現在延遲確認收入和隱藏成本兩個方面。

比如，公司已售出商品，如果不確認收入也不確認成本，就只能繼續保留在存貨項目中。另一種情況在施工企業則較為普遍——「已完工未結算工

程款」，在會計科目中體現為「工程施工」，在報表中反應為存貨。舉例來說，工程項目發生 10 萬元的支出，但業主方沒有確認相應的工作量，或只是確認了部分工作量，那麼，這 10 萬元和業主方確認的工作量之間的差額，就是「已完工未結算工程款」。

我們可以將「已完工未結算工程款」理解為公司已完成，但尚未出售的工程「產成品」。但問題是，如何確認「已完工未結算工程款」反應的內容是真實的，金額是公允的？

形式上，我們可以通過合同金額、項目已支出的成本、工程進度確認單等要件確認，但在實際工作中，如果公司主觀意願上想要調節收入或利潤，通過「工程施工」是很容易實現的。

所以，「已完工未結算工程款」是調節利潤、隱藏收入的「極佳」選擇，那些本應確認在當期的損益，就滯留在存貨項目中，既不結轉成本，又隱藏了收入，將業績延遲至后期體現。

我們可以從兩個方面挖掘存貨對損益的影響。

第一，比對存貨項目對應業務的收入和成本。這要求我們在存貨購進時，就具體到合同或項目，明確「為某某業務（項目）採購的某某原材料或商品」。這樣做的好處是，同一合同（項目）的收入、成本相互對應，及時發現低效或無效的採購內容，在避免潛虧和經營風險的同時，合理確認當期損益，避免收入或成本跨期。

第二，配比工程項目進度與工程成本支出。通過比較項目實施進度和項目成本，考察業主方對工作量的確認進度。一般的，發生多少成本，就應對應多少工作量（工程進度）。「未結算工程款」反應的要麼是工程成本超預算，要麼是業主方未及時確認工程量。

總而言之，存貨項目異常增大或長期維持高余額的狀態，對應業務的收入和成本，或多或少都存在問題，既可能是採購環節的漏洞，也可能是人為調整經營業績的表現。

一般來說，經營穩健的公司，其「材料成本占收比」和「存貨項目權重」（存貨在資產中的占比）是相對穩定的。我們通過這兩個參數的變化，可以推斷公司是否通過「存貨」隱藏收入、滯留成本。

如圖 4-14 所示，公司 1~7 月的「材料成本占收比」並未出現大幅波動，

表明並非是原材料(庫存商品)在業務中占比擴大,導致存貨在資產所占權重上升。

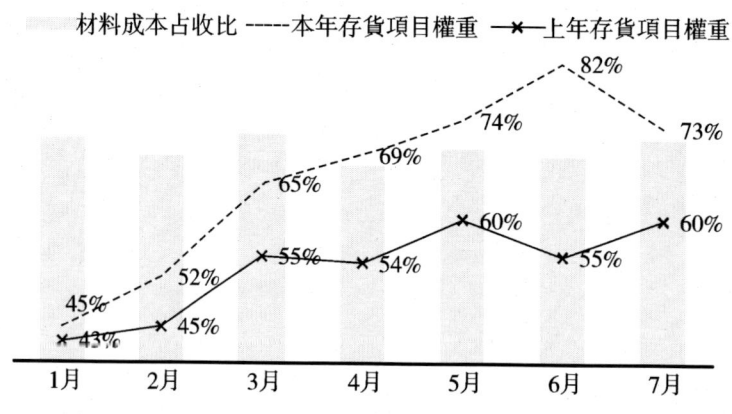

圖4-14 材料成本占收比與存貨項目權重變動關係示意圖

但從3月開始,本年存貨在資產中的權重,迅速超越上年同期數據,說明「可能」是已銷售的存貨未結轉成本,滯留在資產項目中,並且隱藏了對應的收入。

我們之所以說「可能」是因為公司大量備貨時,也可能導致這種情況出現。但只要「材料成本占收比」和「存貨項目權重」有如此變化,我們就要警覺公司是否隱藏收入、滯留成本。

(5)審核存貨相關的程序性證據只能對存貨管理提供有限保證。

作為會計,我們通常關注存貨的各種程序性證據,包括合同、出入庫單、收據或發票、盤點明細表等內容,再通過實物盤點,交叉審核帳實、帳表、表表之間的邏輯關係,以此確定存貨項目會計信息是否真實、完整。

從會計工作的角度看,以上內容保證了存貨管理的「程序合法」,但從經營角度看,程序性證據(原始單據)只提供了書面證明。於是,我們再次陷入兩難境地,光靠程序性證據無法有效地控制存貨,不用程序性證據,又缺乏管理的工具,怎麼辦?

鑒於此,我們開展存貨管理時,除了程序性證據,還要結合業務結構、商業模式和生產營運等內容,通過邏輯判斷存貨項目的合理性、真實性和完整性,但前提條件是我們熟知公司的業務。

一般來說,我們只要能切分出業務結構,配合存貨週轉率指標,就能分

第四章　告別狹隘，從經營的視角看資產

析出商業模式和運行效率對存貨管理的影響。

如圖4-15所示，公司本年調整了業務結構，擴大了購銷模式的商品銷售量，存貨週轉率相應上升。但存貨週轉率低於業務結構相同的A公司，說明公司營運效率弱於A公司。B公司購銷模式的業務佔比更大，存貨週轉率相應更高，說明最快提升存貨週轉率的方法，是採用購銷模式或代銷模式開展業務。但我們也發現，與上年度公司業務結構相同的C公司，存貨週轉率卻弱於我們，說明在原有業務結構下，公司營運效率強於C公司。

可以看出，商業模式直接影響存貨週轉效率。同樣是商品流通企業，自產自銷模式下的存貨餘額，一定比購銷模式下的存貨餘額高，購銷模式下的存貨餘額，又高於受託代銷模式下的存貨餘額，而純渠道商業模式下的「存貨」可能為零。

在商業模式一定的情況下，公司營運水平也會影響存貨變化。比如，在購物環境更舒適、服務質量更好、產品行銷政策更靈活的大型超市，不容易出現商品積壓的問題，存貨週轉速度更快，期末存貨餘額相對較低。

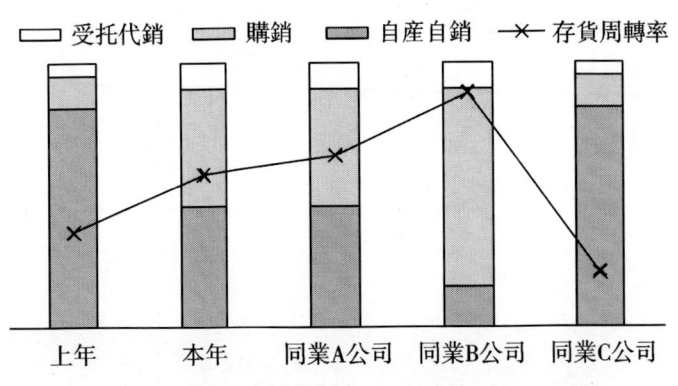

圖4-15　不同銷售模式對存貨週轉率影響的示意圖

（6）分析與存貨相關的輔助費用，可以看出存貨管理的問題。

在資產負債表和利潤表中，有些是「大哥」級的項目，另一些則是「小弟」級的內容，一般小弟都跟大哥混。比如，籌資會產生利息費用，所以，我們看到短期借款，自然就會聯想到財務費用。

同理，從原材料到商品售出，一定伴有生產輔助費用（水電、運輸、廣告、維保、渠道建設、酬金等）的發生。比如，產成品同期增長近一倍，但水電費的變化不大，這種情況下，要麼是生產計價有問題，要麼是會計信息

造假。再如，商貿公司的業務酬金與存貨變化通常是正比例關係，如若出現相反趨勢，也反應出存貨管理的問題。

圖4-16展示了銷售收入、行銷費用和存貨週轉率三者之間的相互關係，在行銷費用逐月增加的情況下，銷售收入並沒有相應增長。

這其中可能有市場環境、業務拓展、行銷方式的影響，但我們加入「存貨週轉率」指標，就可以看出，逐月下降的存貨週轉率反應出商品滯銷的問題。

因此，公司應該減少商品購進和生產，同時，放棄通過行銷費用提高銷量的銷售政策。

有意思的是，通過增加行銷投入擴大銷售規模的做法，是我們常見的銷售策略。經過分析我們卻發現，對於滯銷商品來說，加大行銷投入除了增加公司支出，對存貨週轉率幾乎沒有用處。

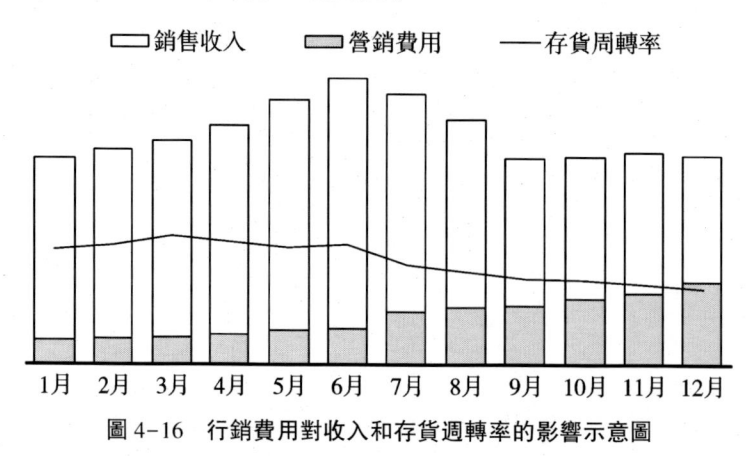

圖4-16 行銷費用對收入和存貨週轉率的影響示意圖

當然，這裡只是舉個例。每個公司的存貨項目，與哪些費用有怎樣的邏輯關係，完全「因人而異」，需要各位朋友自己挖掘。

我們要掌握的經驗是，分析會計信息時，直接從「大哥」口中「挖」信息不一定立竿見影，但從「小弟」入手卻能事半功倍，這也是我們分析會計信息的一個捷徑。

（7）存貨採購政策應該與經營預期相適應。

通常，我們都關心多大餘額的存貨是合理的，以及用什麼樣的方法計算存貨量是可靠的。但在實務中，很多公司的存貨管理靠的是「感覺」，以感性判斷代替理性計算。

這種方式看起來很不靠譜，其實，可操作性很強。

第四章 告別狹隘，從經營的視角看資產

筆者曾和一個有多年庫存管理經驗的採購經理打賭，筆者以模型計算存貨的採購量，採購經理則憑經驗判斷，看誰的採購成本更低，採購數據更準確。

結果當然是模型計算的數據更「準確」。

不幸的是，生產部門對模型計算出的採購時點和採購量，感到非常別扭，特別是原材料的採購進度常常影響生產。而採購經理的採購安排，卻獲得了同事們的認同。

用模型測算的訂貨量、庫存量確實精確，但不能動態地、即時地適應環境。也就是看起來很「美」，卻不容易落地。

採購經理的「經驗法」看似不科學，卻優於模型計算的結果。關鍵在於採購經理擁有一系列與營運相關的「調整系數」，可以有效適應環境的變化。

經濟訂貨批量、最佳採購量等數據模型，是根據歷史數據測算的結果，所以，在實務中有兩個問題很難解決。一是如何確保模型中主要參數是持續穩定的；二是如何判定訂購量與銷售量是匹配的。然而，這兩個「天大」的問題，在採購經理「調整系數」面前就是小菜一碟。

核心在於採購經理能判斷產品的最終銷量以及生產的穩定性。

比如，生產部門需要 1 萬件某型號原材料，採購經理根據「經驗數據」判斷出 1 萬件原材料，能生產 1.6 萬件產品，而同期銷量預期是 1.8 萬件，預期銷量大於生產量，那麼原材料能被全部消耗。如果情況相反，生產量高於銷貨量，那麼就相應地裁減原材料的採購量。

借此邏輯，採購經理多年來既保證生產經營所需，又有效地控制庫存余額。雖然，這樣的方法看起來缺乏理論依據，沒有數學模型的計算結果可靠，實則更靈活機動、準確精密。

「算盤哥」：以存貨為核心衍生出的管理脈絡，可以挖掘出這麼多有價值的信息，看來即使最複雜的報表項目，只要具備了經營的邏輯，也能遊刃有余地管控到位。

「會計叔」：存貨包含的信息，還不止這些，我們只要建立從核算到管理再到經營的思路，還能發現更多有價值的內容，進一步鑽研。

二、交易性金融資產

交易性金融資產屬於金融資產的內容，廣義的金融資產包括現金、存款、應收債權等內容。「以公允價值計量且其變動計入當期損益」的金融資產，就屬於交易性金融資產項目，通常，我們持有交易性金融資產的目的，是為了短期內賺取金融資產的進銷差價。

從定義看，交易性金融資產的特徵體現在兩個方面：一是價值計量的方式，二是對損益的影響。交易性金融資產「市場化」的經濟特質，決定了公允價值計量的方式。公允價值計量作為更合理的價值計量方式，有利於反應金融資產市場價值的變化，但問題是，除非在完全公開的市場中，資產的公允價值很難取得。

因為交易性金融資產的價值變動，直接計入當期損益，公司利潤受公允價值變化的影響，也會出現「過山車」式的劇烈波動。

我們從價值計量的角度，分析交易性金融資產，可以看出三個方面的信息。

（1）購入交易性金融資產可能助推公司經營風險。

一般來說，不論何種類型的公司，跨行業發展的風險都很大，特別是從事實業的公司，通常不會介入主業以外的生意。所以，多元化經營的公司，很容易從繁榮走向衰敗，只有極少數能突出重圍，成長為大型企業。

敢於多元化經營的公司，其現金流一定是充沛的，好比人的精力過剩時就會折騰。但即使是資金充裕，願意購買「交易性金融資產」的公司，也是少之又少。因為從股東角度出發，以法人為主體從事金融交易，除了限制條件多，還要承擔更多稅負，顯然不是劃算的事。

可為什麼仍有公司願意購買交易性金融資產？這其中的原因很複雜，但有一點是確定的──公司有錢，而且是有「閒錢」。但是，「有錢」不一定是錢多得用不完，也可能是有錢不知道怎麼花。比如，在製造業遭遇行業「寒冬」的時候，公司縮減生產量，要麼轉做其他業務，要麼購買其他資產。總之，公司不會將資金再投入製造業務。

基於此，但凡以實業經營為主的公司，開始接觸交易性金融資產，很可能是經營活動出現問題，公司主營業務遭遇困境。

第四章　告別狹隘，從經營的視角看資產

如圖 4-17 所示，2005—2009 年公司收益總體是上升趨勢，但從 2010 年開始，總收益開始緩慢下滑。公司從 2007 年開始購買交易性金融資產，特別是 2009—2015 年的七年間，來自交易性金融資產的收益占比逐年增高，反而是經營活動產生的利潤逐年降低。

問題就在於，依靠交易性金融資產收益，公司總收益下降的幅度不大，同時，還能保證股東的收益分紅，公司會對經營風險的敏感程度下降。

同時，公司主業萎縮的速度極快，如果這時失去金融資產的收益，公司整體利潤將斷崖式下降。

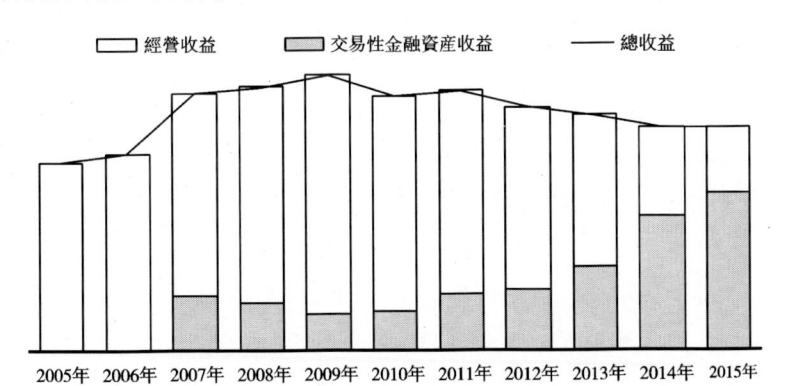

圖 4-17　交易性金融資產對公司收益影響示意圖

（2）以「玩金融」的方式調節利潤反應了較強的盈餘管理能力。

交易性金融資產以公允價值計量，公允價值由市場定價決定，相較於歷史成本計價，公允價值計量方式，更利於管理層掌握資產的實際價值。

但公允價值計量的前提，一是開放的市場環境，二是大量活躍的交易者，三是交易雙方理性決策、公平交易。實務中，公允價值的定價，一來自市場交易價格，二來自未來收益的折現值，三是權威機構認定的價格。

對於交易性金融資產來說，公允價值來自市場交易價格。

在千變萬化的市場中，早一天購進或賣出資產，與晚一天交易的價格，可能就是天壤之別。這需要「操盤手」對市場走勢的準確判斷、極強的行情分析能力，以及對資產價格波動規律的把握。

如圖 4-18 展示的交易性金融資產的價格走勢，我們若是在虛線區域購入，在實線區域售出，必然獲取極高的收益。

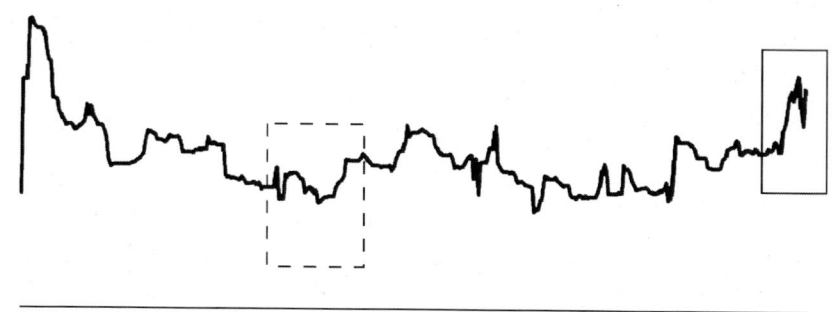

圖 4-18　交易性金融資產市場價格走勢圖

可以看出，相較於其他資產項目，交易性金融資產調節利潤的空間更大、金額更高，當然，對風險的影響也更強。從技術層面看，能用這個項目調節利潤的公司，盈余管理的水平必然不低。

（3）交易性金融資產的收益來得快、去得也快，容易「上癮」。

在資本市場行情特別好的時候，不論個人還是公司，都難以拒絕高回報的資本收益。從經營角度看，金融交易帶來的大額現金流入，既可以支撐主營業務，又可以作為資金儲備，以備不時之需，顯然是值得投資的資產。

然而，從管理的角度看，非專門從事金融業務的公司，購買金融資產來支撐經營業績的做法，通常弊大於利，風險大於收益。原因就是「意外之財」，太容易讓人上癮。

從生產流程和生產內容來看，貿易業比製造業輕鬆，金融業比貿易業輕鬆，更關鍵的是，這些「輕鬆」的業務賺錢更多。金融資產獲利的速度和數量，給我們的衝擊和震撼遠超實業經營。

人的慾望是無窮的，賺快錢和賺大錢的誘惑根本無法拒絕。

我們聽過炒股賺錢且發家致富的傳說，但很少見到，反倒是因為炒股一夜之間財富盡失的例子，就在我們身邊。同樣的道理，從事金融資產交易，長期來看，風險極大，很可能得不償失。

這麼說，交易性金融資產是不能碰的項目了？

這實在不好定論。從謹慎性出發，市場價格波動會造成損益劇烈起伏。更關鍵的是，在金融資產的大虧和大賺之間，管理層容易迷失戰略方向。

第四章　告別狹隘，從經營的視角看資產

有時候，團隊的心一散，就不好帶了，生意也不好做了。

「算盤哥」：從價值計量的角度分析交易性金融資產，理解和挖掘信息，更容易理解交易性金融資產對我們經營的影響。

「會計叔」：從價值計量的角度入手，分析交易性金融資產，有利於我們看清資本收益和經營收益的關係，當然更容易理解什麼是交易性金融資產。

第三節　預付帳款、其他應收款

「算盤哥」：不論是金額大小還是發生頻率，預付帳款和其他應收款都是資產負債表中的「小權重」項目，從經營的角度，我們能分析出哪些有價值的信息？

「會計叔」：雖然兩個項目的體量小，但其經營內涵不比存貨、應收帳款這樣的大項目少，反而能展現出大體量的資產項目難以反應的信息。

一、預付帳款

預付帳款是公司預先向供應商支付的商品（服務）款，是未來可獲得的經濟利益（商品或服務）。預付帳款的會計內涵很簡單，但從經濟角度卻能看出四個方面的內容，這些內容圍繞一個核心：預付帳款通常不是公司主動意願下的行為。

（1）預付帳款是評價公司行業地位的參考指標。

預付帳款的經濟實質，是為了未來才能獲得的商品（服務）而在當期支付的現金。預付帳款完全由行業地位決定，（公司）在產業鏈中的地位越高，預付帳款的議價能力越強。

比如家電銷售行業，具有全國銷售網路的代理商，憑藉其渠道影響力，不僅不需要支付預付帳款，還可以先銷售再付款。

從圖4-20可以看出，在層級式的貿易流通方式下，國家級代理（代理該產品在一個國家的銷售）每次採購時，支付預付帳款的比例最低，甚至無須支付。隨著代理層級的降低，預付帳款在採購額中的占比越來越高。當然，這還與產品的市場稀缺程度有關，對於充分競爭市場中的產品來說，銷售方很難要求預付帳款的條件。

第四章 告別狹隘，從經營的視角看資產

□ 預付帳款占採購額占比

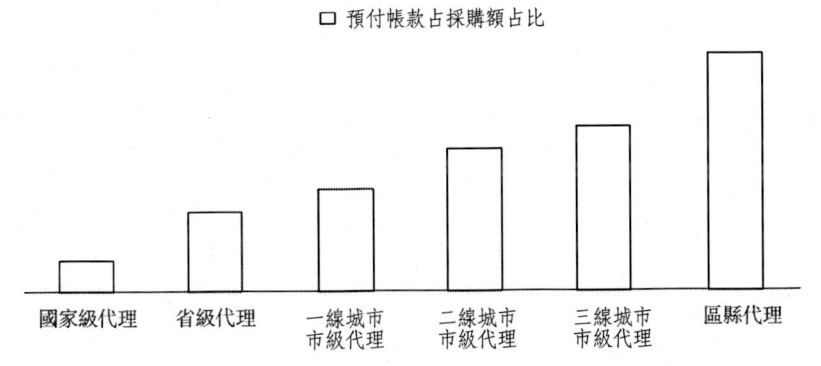

（國家級代理、省級代理、一線城市市級代理、二線城市市級代理、三線城市市級代理、區縣代理）

圖 4-19 不同代理級別「預付帳款占採購額占比」對比圖

可以看出，預付帳款的高低，反應了一個公司的行業地位，在產業鏈中的排名越靠前，公司在預付帳款環節的議價能力越強。

（2）根據預付帳款的內容和金額，可以推測出經營業績的變化。

我們知道，預付帳款遲早會「消失」，變為利潤表中的成本，或是資產負債表中的存貨，而存貨遲早也會變為成本。預付帳款作為未來期間的成本是確定的，但能帶來多少收入，卻是個未知數。

判斷預付帳款對收入的影響，需要瞭解預付帳款的具體內容，包括預付款對應的產品（服務）內容、預期的客戶，完成這一步需要分析預付帳款對應的業務內容。

通過表4-1，我們可以看出預付帳款和經營活動的關係。比如，公司向甲材料商支付預付帳款，用於購買10,000件塑形材料。根據歷史經驗數據判斷，這批材料可以生產2,000件的A型產品，預期的業務收入額是500萬元。

由此，我們發現，預付帳款的日常管理，絕不僅僅是描述在什麼時間向誰支付了多少金額的預付帳款，更關鍵的是描述預付帳款對應的業務活動結果，以及相應的財務表現。

表 4-1　　　　預付帳款主要業務內容明細表

供應商	採購內容	採購量	應用業務	預期結果	預期收入
甲材料商	塑形材料	10,000 件	A 型產品	生產2,000件A型產品	500 萬
乙房屋仲介	廳店房租	5 處	零售業務	擴大在市區銷售的產品覆蓋面	12.5 萬
丙勞務公司	施工勞務	3 項	工程建設	獲得三個項目的勞務施工力量	1,800 萬

供應商	採購內容	採購量	應用業務	預期結果	預期收入
丁設備供應商	吊裝器械	1套	工程建設	通過機械提高施工效率	無定量數據

這裡，再次建議各位會計朋友，清理預付帳款時，一定要會同業務部門，評估預付帳款對應業務的經營內容，合理評價預期收益，以此判定預付帳款對經營業績的影響。

（3）預付帳款是鎖定採購價格的工具。

我們預期商品（服務）價格上升時，一定希望按當前水平，鎖定採購價格，這時，我們情願提前支付貨款。然而，供應商更清楚價格走勢，在預期價格上漲時，很難接受鎖定價格的交易。

遇到這種情況，要想達到目標，一憑實力，二憑掌控力。

行業地位決定議價能力，而議價政策取決於對價格走勢的判斷，如果公司的實力不強，無法直接影響採購價格，我們只能通過採購量和預付帳款作為談判的籌碼，以此降低採購價格，這時就得靠掌控力。

如圖4-20所示，我們看到，「採購量1」和「採購量2」兩種情況下，當採購量不變時，提高「預付款比例」（預付帳款÷採購總金額），可以降低採購單價。在「預付款比例」一定的情況下，我們提高單次採購量到採購量3，也可以獲得採購單價下降的「優惠」條件。

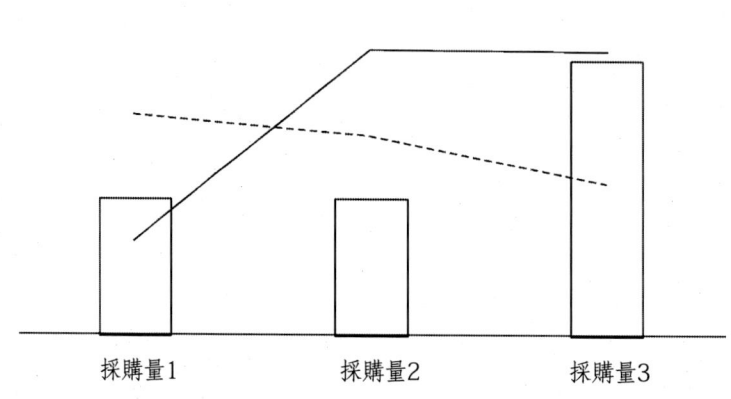

---- 採購單價　　　　　—— 預付款比例

圖4-20　不同採購量和預付款比例對採購單價影響示意圖

所以，價格「掌控力」的關鍵，就在於把握商品銷量的走勢，如果預期商品銷售量超過採購量，我們以最高銷售量為上限，通過增加採購量，可以降低採購單價，這算是一種方法。另一種方法是，在採購量增長空間有限的

第四章　告別狹隘，從經營的視角看資產

情況下，提高預付帳款的比例，以此作為籌碼，以較低的單價鎖定採購價格。

從預付帳款對採購單價的影響，我們可以看出，預付帳款是我們談判議價，控制原材料、商品採購成本的有力工具。

（4）預付帳款和應收帳款的變動關係反應出營運效率的變化。

商品在「購進」階段有可能與預付帳款發生關係，在「銷售」階段則可能與應收帳款發生關係。生意最理想的狀態是「先收錢、后付錢」，所以，從資金角度看，高效率營運狀態下的公司，對應的應收帳款和預付帳款，通常呈現出「雙低」的狀態。

什麼情況下會出現「雙高」的狀態？

在公司生產所需原材料稀缺，同時，為擴大市場份額，採用更寬鬆的帳期政策時，就會導致應收帳款和預付帳款「雙高」的情況。因為，這種情況下，原材料採購的預付帳款比例會提高，同時，寬鬆的帳期政策，會快速推高應收帳款余額。

另一種情況是，公司長期回款不力，導致資金短缺，供應商考慮到自己的回款風險，只接受「先款后貨」的交易方式。這時，應收帳款就會倒逼預付帳款的增長。

如圖 4-21 所示，公司應收帳款逐期上升，在年末達到最高，與此同時，貨幣資金余額不斷下降，6 月以后，貨幣資金只能保證營運所需。有意思的是，公司也是在 6 月開始，向供應商支付預付帳款，而到了 9 月，當資金連基本營運都不能保證時，原材料採購的預付帳款支付比例，反而更加快速地上升，並達到最高值。

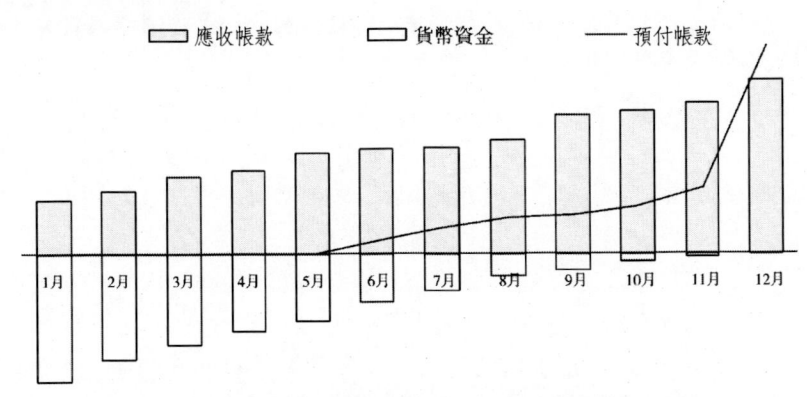

圖 4-21　應收帳款、貨幣資金和預付帳款變動關係示意圖

一般的，應收帳款增長到一定金額，經營一定出現問題，當供應商已經懷疑公司的付款能力時，就會要求以預付帳款的方式交易。

所以，如果應收帳款的惡化已經波及到預付帳款，足以說明公司資金狀況已是極度糟糕。

「會計叔」：從行業強弱關係的角度研究預付帳款，我們可以看到很多內容，深入挖掘還可以看出公司營運的效率、方式和特點，這樣的會計信息才有使用價值。

「算盤哥」：將經營邏輯與會計信息對接，就能發現有價值的財務和業務信息，並發揮財務支撐經營決策的功能。

二、其他應收款

論重要性，其他應收款不算關鍵報表項目，論金額大小，也不是資產項目中的「大哥」。但要是我們以「頑皮」程度給資產項目排序，其他應收款絕對名列前茅，因為，其他應收款常常干些小動作，搞點惡作劇。所以，通過這個項目，我們能看出公司內部管理的水平，甚至摸索出公司一些「不可告人」的秘密。

（1）其他應收款基本等同於成本、費用或損失。

其他應收款是提前支付的零星的、小額的，用於短期內週轉的現金。其他應收款包括部門備用金、差旅費借款、業務墊付資金（用於具體項目）、員工個人借款或投標保證金、租房押金等項目。

其他應收款以借款的形式出現，我們對「借款」通常的理解是，有借就有還，現金出去也是現金回來。但在實務中，除了「保證金」或「押金」形式的其他應收款，「借出」公司的資金，只會體現為成本、費用或是營業外支出。

所以，我們判斷公司經營業績時，若以較為嚴格的標準考慮當期損益，那麼其他應收款就應該「還原」為成本和費用。

圖4-22中，C公司的淨利潤最高，其他三個公司淨利潤一樣，但我們考慮了其他應收款的影響後，各公司淨利潤表現完全不同——扣減其他應收

第四章 告別狹隘，從經營的視角看資產

款對應的「成本」，C公司淨利潤最低，B公司最高，D公司的收益高於A公司。

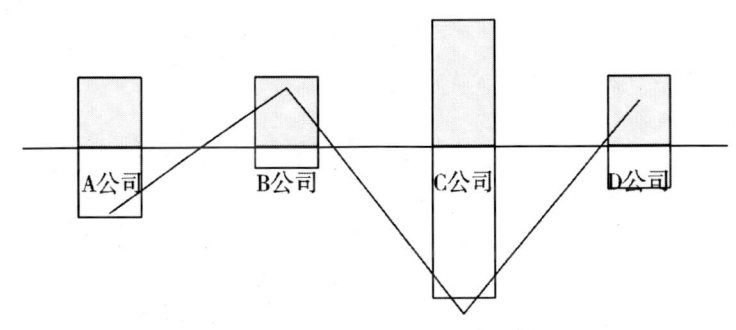

圖4-22 其他應收款對公司淨利潤影響示意圖

有朋友會說，將其他應收款全部視為成本、費用，這樣的處理方式合理嗎？實話實說，這樣的處理確實過於絕對了。但我們平常看到的利潤表，誰又能保證是完整地考慮了全部成本、費用後，計算出的損益？

所以，不論這樣的方式是否合理，却可以幫助我們從多角度評價公司業績，更客觀地比較不同公司的收益情況。

(2) 其他應收款很容易「藏污納垢」。

既然其他應收款的最終體現為成本、費用，為什麼這些經營活動，非得先支出現金，再入帳反應為損益呢？

因為「不能」「不想」和「不敢」。

「不能」是經營客觀所需。有些經營、管理活動，確實需要先行支付現金，比如，員工出差的差旅費、項目開展前期的墊付款。

「不想」則是主觀行為。因為資金先行支付，經營、管理活動完成後，對借款的部門來說，不太著急報帳處理。所以，若非有完善的借款管理制度，款項借出後，確實會長時間無人過問。

「不敢」則是主觀和客觀共同影響的結果。我們假設經辦人員編造理由從公司借出資金，但沒有用於生產經營，或只使用了其中一部分。那麼一旦報帳，這些不合規的情況就會真相大白，當時編造的借款理由就會暴露，在這樣的情況下，經辦人員當然不敢來處理。

現實中，「不敢」的情況經常出現在管理薄弱的公司，但有一種情況却

117

是管理層有意為之——為了完成利潤指標。

因為其他應收款是暫時沒有表現為成本、費用的支出內容，在尚未結轉損益前，流出的現金都停留在其他應收款中，成本被「隱藏」起來，自然不會影響當期損益。

對於以上問題，我們通過分析「其他應收帳款占收比」和其他應收款的帳齡結構，就能看出是否存在長期未處理的借款，挖掘出「藏污納垢」的業務行為，以及調節利潤的管理行為。

如圖4-23展示的其他應收款帳齡結構的變化，從4月開始，「半年至一年」帳齡的其他應收款逐月增大，說明存在半年以上掛帳未處理的借款。同時，本年8月之前各月度的「其他應收款占收比」基本處於相對穩定的區間，但進入9月以後，「其他應收款占收比」開始快速上升。

我們知道其他應收款可以「隱藏」成本、費用，如果要將本年成本遞延至后期，本年其他應收款的余額自然就會上升，從對應的收入占比就能看出這一變化。

所以，可以肯定的是，圖4-23反應了公司在年末為確保淨利潤指標，未及時結轉其他應收款，並隱藏了當年的成本、費用。

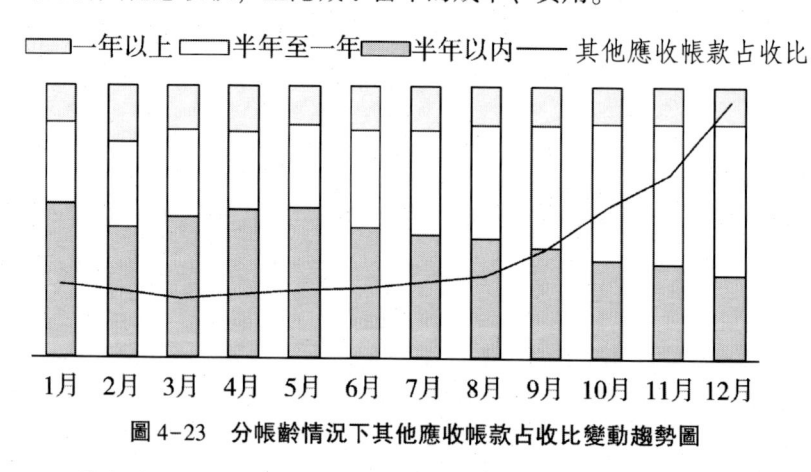

圖4-23　分帳齡情況下其他應收帳款占收比變動趨勢圖

（3）其他應收款只能對內，向外部支付的經營性的資金風險較大。

我們在這一點要表達的核心思想，是確保「其他應收款」零星、小額週轉的應用邊界和功能定位，公司不得隨意擴大其使用範圍，並嚴格限制對外支付的、經營性質的款項。

如果公司大量以借款形式支付購貨款或勞務費，那麼會存在極大的風

第四章　告別狹隘，從經營的視角看資產

險。首先，事前支付的方式，難以確認經濟事項的真實性；其次，經營性資金的需求額通常較大，加上不能及時體現為成本、費用或其他資產內容，很容易出現經營失控的問題。

舉例來說，某公司主營工程建造業務，為完成工程進度，需要以「項目備用金」的方式預支民工勞務費。如圖4-24所示，因為業務經營所需，六個項目部都通過借款的方式支付了勞務費，但與「審定勞務費」比較後，我們發現項目1部、4部和6部實際支付的勞務費，均超過了項目最終審定的金額。

真正的風險在於，除非公司採用項目核算的方式，否則，在多個項目同時開工的情況下，很難看出是否存在勞務費超支的情況。這也就解釋了，為什麼存在通過勞務費「吃空餉」的可能。

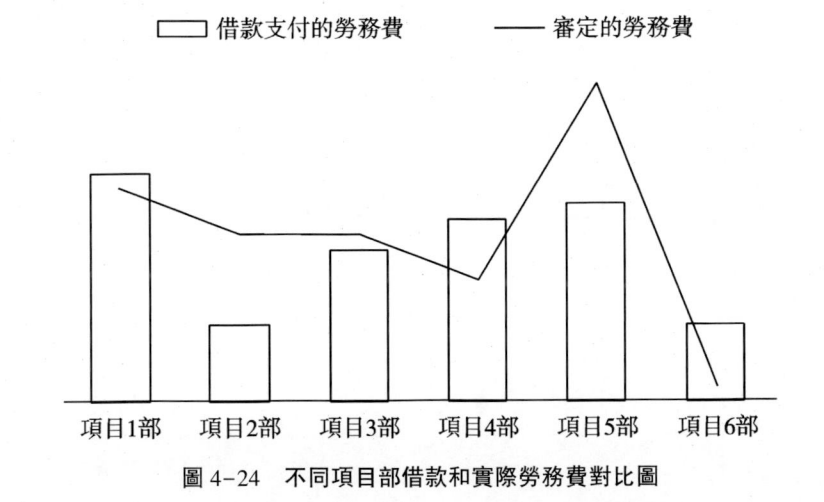

圖4-24　不同項目部借款和實際勞務費對比圖

所以，其他應收款管理的重點之一，就是將借款內容，一一對應到具體的項目、業務和部門，並及時核對借款支付額與實際應支付額。

（4）盡量不使用其他應收款是管好其他應收款的捷徑。

對會計來說，避免其他應收款「麻煩」的最好辦法是，盡量少使用其他應收款。這樣的思路聽起來有點天真，但確實很有效，雖然看起來不現實，其實很簡單——提高會計的報帳速度。

比如，小額的差旅費，由員工先行墊付再報帳處理，因為報帳速度的提高，員工能更快地收到報銷費用，不會因為墊錢為公司辦事而反感。這其中

119

的關鍵，就是縮短審核、做帳、付款的時間，盡量在一個工作日內完成。

通過提高報帳速度，降低其他應收款的使用頻率，從而避免財務風險，這顯然是劃算的。

但是，公司一定存在需要提前付款的業務內容，面對這種情況，我們可以轉變支付方式，縮小其他應收款的使用範圍和金額。

以勞務費為例，我們以每日實際完成的工作量，測算應結算的勞務費，並以某個確定的時間段為限，測算預期工作量對應的勞務費，在應結算勞務費和預測的勞務費之間，確定一個項目備用金借款額度。待工程完成、項目進度確認后，再根據實際工作量補足勞務費。

如圖 4-25 所示，「實際執行的工作量」形成的勞務費持續消耗備用金借款額度，如果資金不足時，不得再以借款方式支付，只能在成本入帳，衝銷了對應的借款后，再支出新的項目借款。

這樣做的好處是，合理控制未入帳（尚未體現為成本、費用）但先支付的資金額度，並督促業務部門報銷處理，及時反應項目的成本執行情況，並將支出控制在預期的工作量以內，杜絕資金失控的風險。

實際執行的工作量

備用金借款額度

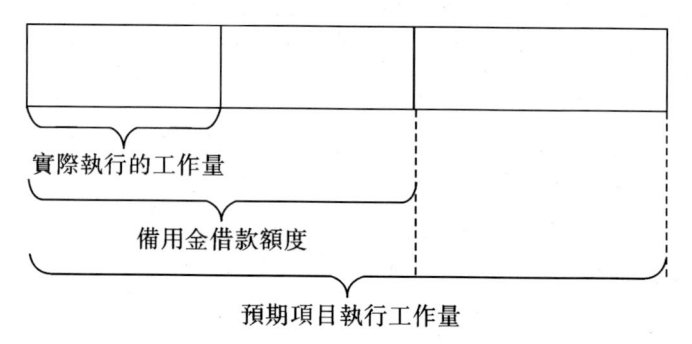

預期項目執行工作量

圖 4-25　按工作量配比備用金的管理示意圖

總之，對其他應收款來說，我們要想出策略，盡量少使用，或是不使用。畢竟，其他應收款的使用率越低，倒逼會計業務處理的效率越高，誘發財務風險的因素越少。

（5）其他應收款金額較大的公司通常存在非常規的業務活動。

綜觀以上四點，如果其他應收款的余額高、帳齡長，要說沒問題，那是掩耳盜鈴。其他應收款的風險，會表現在三個方面，一是管理失控，二是人為調節利潤，三是非常規的業務活動。

第四章　告別狹隘，從經營的視角看資產

一、二兩項我們有所瞭解，少見的是「非常規的業務活動」。「代收代付」就是典型的這類業務，比方說，公司受託為第三方代繳水、電、房租費，需要先行墊付資金，再向委託方收回代付款和佣金，如果代收代付的業務量較大，其他應收款的發生額必然相應增加。

這類業務往往存在雙重風險，一是墊付的資金是否用於規定的項目，二是能否從委託方全額收回。

如圖4-26所示，我們看到公司「代收代付」業務的季度執行情況。在一季度公司確認其他應收款后，從委託方收回相同金額的代付款。但在二季度，委託方付款低於公司代墊的金額，公司在3季度追回，而4季度又未收到相應的代墊款。

可以看出，如果公司代墊款的金額較大，且不能及時收回，損失的資金成本有可能超過服務費收益。

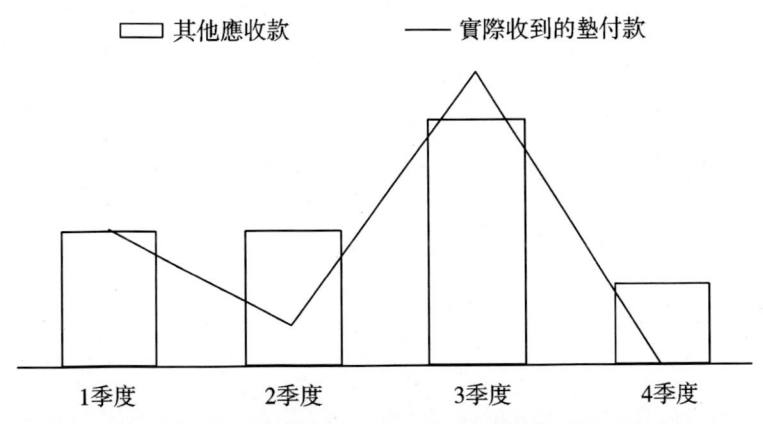

圖4-26　分季度「代收代付」業務其他應收款和實際收款對比圖

所以，如果公司涉及非常規業務內容的其他應收款，會計一定要落實業務的性質和具體內容，及時檢查資金的使用情況，特別是客戶方（委託方）是否及時足額地支付了相應的墊付款。

（6）管控其他應收款的「利器」是不定期檢查和定期清理。

實務中，我們還做不到完全不使用「其他應收款」項目。所以，不定期的檢查和定期的清理，是管理「其他應收款」項目必需的工作。每月清理其他應收款時，要詳細記錄借款項目、內容、經辦人和還款時間，清理結果應由經辦人員簽字確認，對超過約定歸還期限的款項，還應說明原因並報告管

理層。

　　除定期清理外，我們還要不定期檢查備用金使用情況，核實臺帳與會計帳簿中對應項目的金額和內容。

「算盤哥」：沒想到小小的「其他應收款」，竟有如此多的把戲，其管理難度，並不比大體量的資產項目低，要是管不好，會帶來很多麻煩。

「會計叔」：其他應收款像「泥鰍」，消耗的管理精力不比固定資產、存貨這樣的大項目低，對其他應收款就要有警惕性，管理的核心就是控制該項目余額不能過大。

第四節　投資性房地產、固定資產

「會計叔」：從第四節開始，我們要瞭解非流動資產的內容，解讀非流動資產項目的方法和前面有區別麼？

「算盤哥」：非流動資產價值創造能力更強，是公司的盈利的物質和生產基礎，但非流動資產風險也高，解讀這部分內容時，需要引入市場競爭、戰略規劃等概念。

　　非流動資產並非指物理形態不可移動，而是指價值波動幅度較流動資產更小的資產。比如，固定資產確認後，原值基本不變，折舊穩定持續地發生，不像流動資產，帳面價值因業務規模、市場環境變化而大幅波動。

　　從經營角度看，非流動資產有三個特徵：第一，非流動資產一旦確認，會持續地影響損益（折舊與攤銷）；第二，非流動資產的價值創造過程需要營運資金的投入，會產生相應的成本、費用；第三，非流動資產只是公司營利的資源和工具，只有在持續不斷的經營過程中，才能創造價值；第四，取得非流動資產很容易，要處置却很難（請「神」容易送「神」難）；第五，非流動資產的生產效率，對公司整體營運效率有重大影響。

　　我們通過這五個特性，可以看出，非流動資產作為牽一發而動全身的資產項目，具有高風險和高收益的資產特性。

　　舉例來說，曾經大量分佈於東南沿海的代工廠，本質上是外國廠商的外包生產線。對這些外國廠商來說，原本需要購置固定資產，建立生產線才能完成的生產內容，可以全部委託交予這些代工廠完成。

　　本是製造型企業的外國公司，通過這樣的方式，構建出靈活機動的「輕資產」財務結構，在其調整經營戰略時，可以不受「重資產」項目的牽制，有效降低經營風險。

　　從這個角度看，為了構建更有效率的資產結構，我們對非流動資產，特別是大型生產設備的配置策略應該是——能借就不租，能租就不買，盡量減

少非流動資產的增加,以此構建「輕資產」的財務結構。

接下來,我們從如何提升經營效率的角度,認識非流動資產的各個項目。

一、投資性房地產

投資性房地產是在 2006 年的會計準則中新增的內容,於 2007 年開始執行。投資性房地產作為新生代的資產項目,反應了會計準則隨經濟發展不斷演進的特徵,有點與時俱進的意思。

在過去的十年裡,我們經歷了房地產市場迅猛發展的黃金期,房地資產的自然孳息以及地產價格持續走高,使房地資產成為最重要的投資方式之一。公司為了追求利益,一定會涉足如此優良的資產,進而大量購進非生產性的房地資產。於是,問題也出現了。

問題一:房地資產按歷史成本計價,是否合理?

問題二:不區分收益方式,能否反應不同經濟內涵的房地資產?

問題三:投資性房地產和房屋類固定資產的經營內涵不同,若不區分,投資者能否合理決策?

創新都是逼出來的。投資性房地產就是為了解決這些問題而產生的準則規範,體現了會計準則持續創新的時代特徵。

(1) 投資性房地產是從資產收益角度確認的房地資產。

會計工作四件事——確認、計量、記錄和報告。確認,即認定交易事項的經濟實質,以此再決定如何計量、記錄和報告。我們根據經濟業務或資產用途進行會計確認,投資性房地產也不例外。

舉例來說,我們面對一棟大樓,詳細瞭解大樓的占地面積、容積率、抗震指數、強弱電系統、位置朝向等信息后。各位能做出入帳處理的判斷麼?

根本不可能,因為我們不知道大樓的用途。

如果公司購置後自用,則是固定資產;如果租賃用於生產,則作為房屋租賃費核算(融資租賃時作為固定資產);如果是建造後用於出售的則是存貨;要是用於公益慈善捐贈就成了營業外支出;當然,我們還可以為測試新的爆破技術直接炸掉,那就成了研發支出。

如果是用於出租獲取租金,或為了獲得資本增值,那麼就是投資性房地產。一般來說,將房地資產作為「生產工具」時,通常反應為固定資產,但

要是作為「生產資料」時，則是投資性房地產。

（2）投資性房地產收益的誘惑性太強，可能成為經營風險的誘因。

過去十年中，不少大型央企涉足房地產市場，甚至摘取一線城市「地王」桂冠。為此，還引發了關於非地產行業的國有企業從事地產業務的合理性的討論。

所謂「婆說婆有理，公說公有理」，說得再熱鬧，也止不住資本逐利的天性。

沒有投資性房地產收益時，大家集中精力跑銷售、搞生產、想研發。購置房地資產后，坐享資本溢價和資產孳息，既沒壓力，也沒疲勞，而且，還有現金收益滾滾來。

做生意，不就為了賺錢麼？現在全實現了，何必再埋頭苦干。

如果作為個人，我們盡量快、盡量多地累積財富，購入穩定增值的資產，是正確的選擇。如果是立志要基業長青的公司，過多配置非主業相關的資產，只會帶來財務和經營的雙重風險。

房地資產與生產製造、服務、銷售等行業的盈利模式不同，房地產的收益性與公司營運能力的關係並不強，基本是由市場行情決定的。市場價格上行時，收益水漲船高；市場價格走低時，資產價值迅速下跌，真正是冰火兩重天。

我們看圖4-27，展示了某公司2005—2015年收益變化過程。2010年以前的各年度，公司的經營收益變化不大，隨著投資性房地產收益的增加，總收益在2010年達到最高點。

但從2011年開始公司收益逐年下滑，從構成來看，經營收益絕對下降，但投資性房地產收益却絕對增加。

到了2013年，因為投資性房地產收益開始下降，公司的好日子隨之到頭，總收益在2015年達到最低點。在以前年度，依靠投資性房地產支撐的公司收益，終於在房地市場價格下滑的時候，暴露了經營收益持續下滑的致命影響。

□ 經營收益　▨ 投資性房地產收益　— 總收益

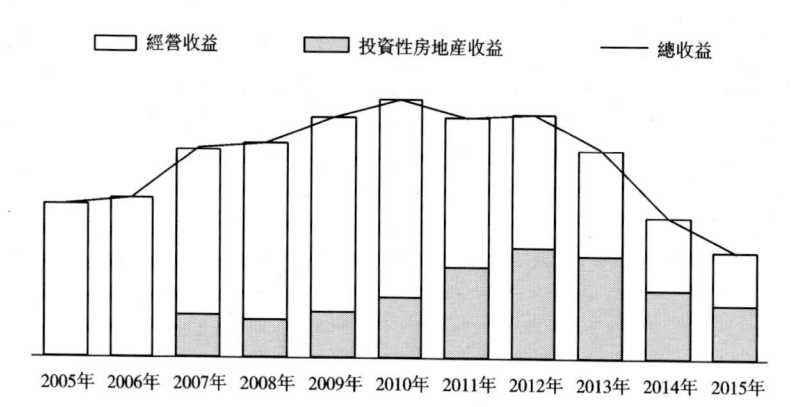

圖 4-27　各年度投資性房地產收益對總收益影響趨勢圖

公司營運需要專注力，過多依靠資本收益的發展方式，會使公司經營戰略被逐漸架空，包括老闆在內的所有人，將失去潛心經營的「平常心」。沒了平常心，丟了專注力，就會隨波逐流，倒閉、破產、清算註銷只是時間的問題。

如果投資性房地產與公司主業關係不大，甚至八竿子打不著，公司應該在房地市場繁榮時，考慮出清部分房地資產，讓資源適時地迴歸主業。

（3）投資性房地產計量的成本法和權益法只是「時間性」的差異。

投資性房地產后續計量模式如何選擇，在準則中有明確規定，特別是權益法，其前提是存在活躍的交易市場，能取得可靠的市場價格。

兩種計量方法，在實務中如何選擇，與環境和目的有關。

舉例來說，業務快速增長的公司，購置房地資產有雙重好處：一是資產價值隨市場價格走高，公司坐享增值收益（公允價值變動損益）；二是較高的資產評估價值，在缺錢時獲得更大的貸款額度。所以，在這種情形下，公司更願意選擇權益法進行后續計量。

然而，對業務持續增長、現金流穩定的公司來說，購置房地資產有利於完善資本結構，儲備未來收益，那麼成本法是恰當的選擇。這就是「低調的華麗」——公司在利潤平穩、穩健經營的同時，還有值錢的資產在手。

投資性房地產后續計量的權益法，會根據市場價值變化調整資產帳面價值，而成本法則是以計提折舊的方式，持續攤銷資產價值。不論何種方式，在資產處置時點，交易價格一定是市場公允價值，最終的處置收入沒有差異。就像圖 4-28 反應的兩種計量方式下的資產價值變化，不論是權益法還

是成本法，總收益的差異並不大。

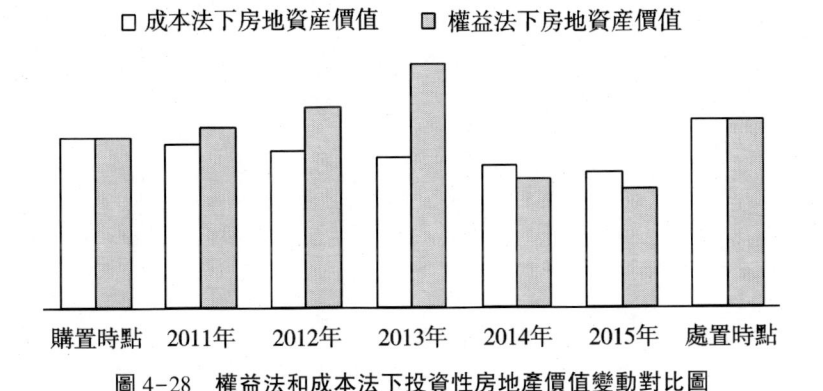

□ 成本法下房地產價值　□ 權益法下房地產價值

購置時點　2011年　2012年　2013年　2014年　2015年　處置時點

圖4-28　權益法和成本法下投資性房地產價值變動對比圖

（4）從價值角度看，對投資性房地產的管理思路更接近流動資產的管理。

投資性房地產明明是不動產，却要作為流動資產管理。價值，在於流動。

不流動的資產，不會創造價值。投資性房地產雖然分類為非流動資產，但我們管理的思路却是不能「不動」的，活力不足的資產管理方式，對投資性房地產來說，不僅狹隘還很危險。

基於物理形態，投資性房地產屬於不動產，雖然資產形態不動，但資產的價格却是不斷變化的。特別是地產市場週期性的價格波動，會造成公司收益「過山車」式的變化。如果遇到地產價格猛然下跌，再加上市場拋售行情，這些不動產就真成了「不動產」。

遇到這種情況，怎麼辦？我們就得換個思路管理投資性房地產，除了關注市場價格變化，還得瞭解地產政策、商業環境、投資熱度、產業變化、人口結構等信息。

如圖4-29所示，就價格波動幅度來看，存貨遠超投資性房地產，但存貨價格却遠不如房地產。長期來看，看似「不動」的投資性房地產，在價值層面遠遠超過流動資產的變化。

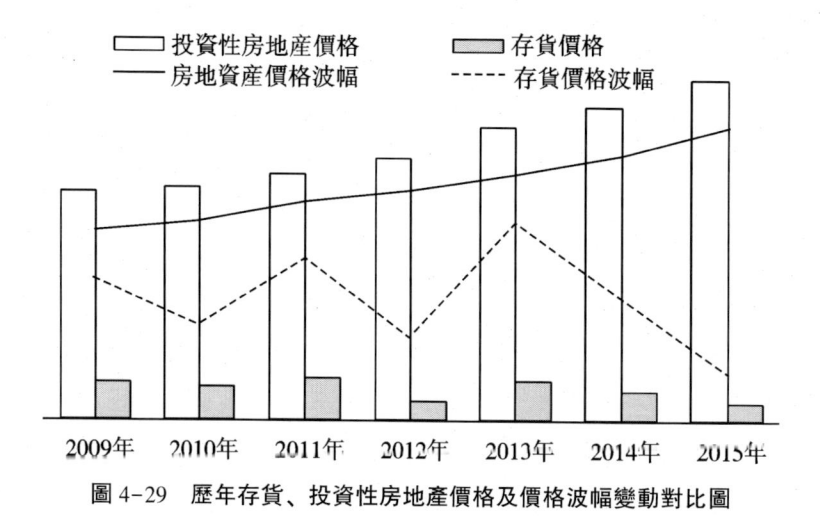

圖 4-29　歷年存貨、投資性房地產價格及價格波幅變動對比圖

「會計叔」：投資性房地產的管理，關鍵是從價值角度理解投資性房地產的經濟內涵，將其視為「生產資料」而不是「生產工具」是一個明智且有效的方法。

「算盤哥」：特別是在產能過剩、房地產市場增長乏力的情況下，用好「投資性房地產」資產項目，是我們繞不開的話題。

二、固定資產

固定資產作為常見的資產項目，小到電腦、打印機，大到房屋、起重機，從生產經營到后端管理，從普通員工到管理高層，其覆蓋面之廣、內容之豐富，無出其右者。

固定資產的會計定義是：為生產商品、提供勞務、出租或經營管理而持有的，使用壽命超過一個會計年度的有形資產。通常我們判斷其是否固定資產首先是根據其使用壽命的長短，所以「超過一個會計年度」是關鍵。

可一只簽字筆的使用壽命也能超過一年，這也是固定資產？

當然不是。固定資產還有兩個條件：一是與該資產有關的經濟利益很可能流入企業；二是該固定資產的成本能可靠地計量。

第四章　告別狹隘，從經營的視角看資產

我們自然能準確計量簽字筆的成本，同時，基於持續經營的合理預期和一般判斷，公司購置資產時，都是「經濟利益很可能流入企業」。如此說來，「購置成本」和「經濟利益流入」都不是簽字筆不能作為固定資產的原因。我們似乎陷入了邏輯的「死循環」中，為了找到真正的原因，我們拿簽字筆和電腦做個對比。

我們知道，電腦是作為固定資產反應的內容，電腦和簽字筆最大區別在於購置成本差異大。電腦價格高，對損益的影響也大，在經營期內，合理「攤銷」購置成本，才能符合「電腦資產」持續用於經營活動的價值特徵。

簽字筆和電腦，哪一個才是固定資產，這是從會計角度對經濟價格和經營影響做出的判斷，並以此確定出的資產分類。

如果從經營角度出發，劃分固定資產的標準更加靈活。比如，車輛當然是固定資產。但在高山地區使用的運輸車輛，因為惡劣的地理環境，使用週期超不過一年，從經營角度看，車輛購置成本就應一次性計入當年損益。

有讀者會說，這麼做，違背了資產折舊最低年限的要求，稅務機關不會認可。

稅務機關不認可沒關係，我們做納稅調整即可，關鍵在於，從經營實際出發劃分和核算固定資產，能更準確地反應資產狀態。這種思維貌似有些「離經叛道」，但我們何不就跟著這個感覺，分析固定資產的經營內涵。

（1）固定資產作為生產工具，決定了公司總體營運成本。

在公司經營過程中，「人」是勞動者、「財」和「物」是生產資料和生產工具。最常見的「物」是固定資產，特別是作為代替人工勞動的生產工具——機具設備是現代企業最重要的生產工具。

工具越先進，價值創造能力越強，更利於大規模生產，具體表現在工藝水平的提高、生產效率的提升和總體營運成本的降低。

固定資產決定工藝水平、生產效率和營運成本，那又是什麼決定了固定資產？

生產方式決定固定資產。比如，在流水線方式生產的公司，產品裝配線是必要的生產工具，在僅憑人工就能完成生產的公司，裝配線却毫無用處。但是作為會計，我們不瞭解生產設備的機械原理，也無法從技術角度判斷需要何種固定資產。我們只能通過測算公司營運成本的變化，確定固定資產對公司經營的影響。

固定資產相關的營運成本，包括營運費用、管理支出、資產折舊和行銷

成本。前三項容易理解，難點在於行銷成本和固定資產的關係。這一點，我們從生產工具的角度理解，因為機器設備的使用可以提高工藝水平，在其他因素不變時，產品質量提升，行銷成本自然就會相對降低。

如圖4-30所示，「資產2」的購置成本最高，但「資產2」的總體營運成本最低，我們看到因為採購了更先進的「資產2」，相關的管理支出、行銷成本和營運費用就大幅下降。

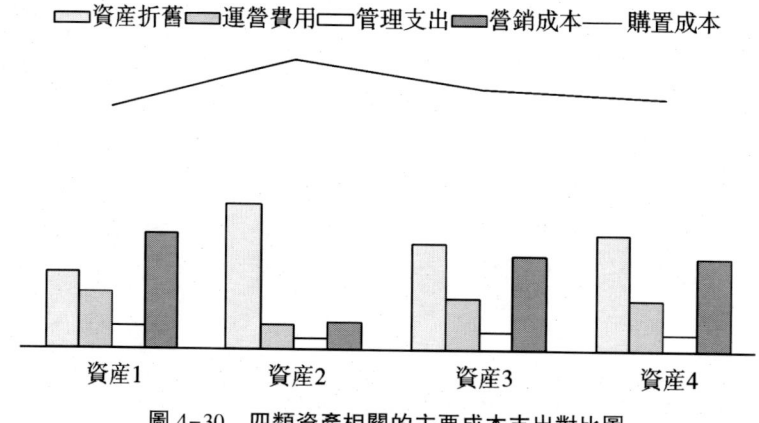

圖4-30　四類資產相關的主要成本支出對比圖

所以，我們參與固定資產投資決策時，除了關注資產採購價格的高低，還要關注營運成本的變化，計算的數據不一定要很精確，但不同方案的差異要能判斷清楚。

（2）管理固定資產的關鍵在於理清生產與資產的邏輯關係。

固定資產的日常管理，包括資產卡片、資產臺帳、資產盤點等內容。做到以上工作，只能算及格，不算優秀。因為，老闆關心的是固定資產能帶來多少收益，及其與經營預期是否一致。

想要確認資產使用的效益是否如預期，必須理清生產與資產的關係，這需要我們做四件事：

第一，確保資產物理形態完整。即保證資產的功能結構、構成要件和操作系統沒有實體損壞。

第二，確保資產如預期方式運行。也就是說，即使考慮了維修和保養等費用，只要資產運行的效率，與購置時點的運行狀態相差不大，維持當前運轉就是經濟的。

第三，確保資產是生產流程中的關鍵要素。在生產過程中，除非因為工

第四章　告別狹隘，從經營的視角看資產

藝或生產流程的改變，該資產應具有不可替代性。

第四，確保資產總是處於管理者的「視線」中。也就是保證資產管理部門，對所屬資產具有監控的權力和能力，且能有效履行監督職能。

綜上所述，固定資產管理的邏輯是：資產的物理形態是完整的，並且資產按預期狀態持續地運行。

作為生產經營的必備要素，固定資產與生產過程緊密聯繫，因此，只有時刻對固定資產進行監督管理，才能保證其經濟價值和使用價值。

（3）生產內涵是決定資產折舊方式的根本因素。

固定資產有四種折舊方法，其中，年限平均法應用範圍最廣，除特種行業外，基本都採用此種折舊方式。

但是，最常用的，不一定是最合理的。

除了時間維度影響資產折舊的因素，還包括資產損耗程度、產品生產量、技術更新速度等因素。影響因素多，評價的維度就多，就會造成資產折舊會計信息可理解性、可比性和通用性的問題。

唯一沒有爭議的因素是「時間」，雖然時間不是最合理的折舊計提標準，但數據獲取的難度低、標準相對統一。既然大家能認可時間，為什麼不能按資產實際使用時間計提折舊，一定要規範資產最低折舊年限？

比如，軟件公司的電腦使用率更高，實際折舊年限應該低於其他公司。同理，商場電梯的實際折舊年限，也應低於住宅電梯折舊年限。

根據資產實際的「使用損耗」計提折舊最合理。

根據資產損耗確定折舊金額雖然合理，但實際情況千差萬別，如果公司自行確定折舊年限，必然大量出現通過折舊調整利潤的問題。所以，統一折舊標準，實在是無奈之舉。

會計核算時不能按資產實際情況計提折舊，但我們可以提供相關的管理信息，這樣做的好處是，真實地反應經營活動，完整清晰地表達經營內涵，展現公司資產真實的運行狀態和價值。

從圖4-31中我們看到，根據資產實際使用情況，「計提」的資產損耗高於會計計提標準下的折舊額。真實狀態下的資產「經濟價值」下降的速度，明顯快於帳面價值的下降速度。

根據資產實際損耗計提折舊，我們可以更準確地判斷，資產在未來期間能產生的收益。但問題在於，我們從何處瞭解資產的實際損耗？這又是一個標準不定的選擇題，通常，我們可以根據生產量、使用時間、運行效率等數

據分析獲得。當然這些與業務經營高度相關的內容，必須引入業務部門的參與——固定資產決定於生產內涵。

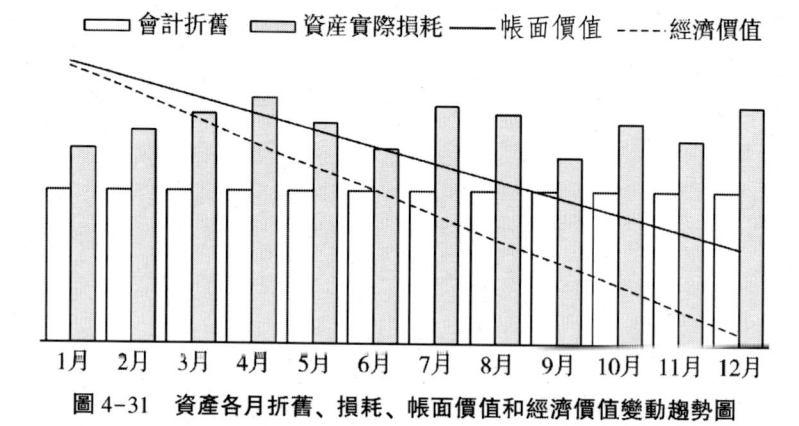

[圖表：會計折舊、資產實際損耗、帳面價值、經濟價值]

圖 4-31　資產各月折舊、損耗、帳面價值和經濟價值變動趨勢圖

（4）固定資產的運行效率直接決定生產和經營的效率。

我們知道作為生產工具，固定資產能夠提高勞動生產率和工藝水平，從而提升營運效率。但固定資產對運行效率的影響，具有「非此即彼」的特徵——如果固定資產沒有起到正向拉動作用，一定會負向拉低運行效率。

一方面，生產方式決定固定資產的類型，而固定資產作為生產工具會影響生產方式。好比用鍬和用鋤刨土時的勞動方式和效率完全不同。

另一方面，固定資產的選擇具有排他性，特別是上千萬的投資，不可能因操作不便說換就換，所以，生產工具會在很長時間內，持續不斷地影響生產效率。

最後，生產用固定資產，特別是大型生產設備，需要輔助生產活動的支撐，如果變動或更換固定資產，一定會影響整體營運效率。

（5）固定資產相關風險在購置時點已出現。

我們知道固定資產通常會涉及的風險有：技術進步造成經濟價值的下降；資產生產的產品淘汰造成使用價值的降低；非正常損耗對物理結構的破壞。

如圖 4-32 所示，我們以生產設備為例，雖然資產的帳面價值呈規律性緩慢下降的趨勢，但隨著技術進步，相同資產價格的快速下降導致其經濟價值在 5 月下跌了 40%，到 10 月又下降了 50%。

假如該生產設備專門用於生產 A 產品，而 A 產品在 7 月已被市場淘汰，或是已不存在市場需求，那麼該設備就沒有任何使用價值。

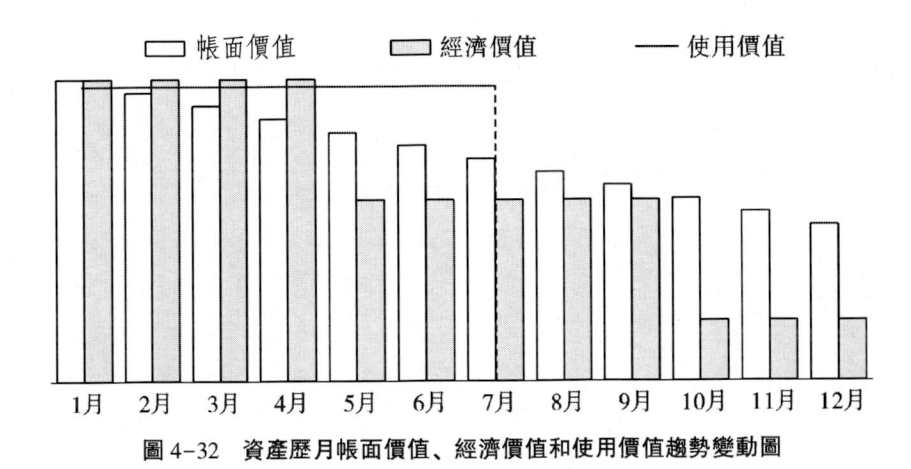

第四章 告別狹隘，從經營的視角看資產

圖4-32 資產歷月帳面價值、經濟價值和使用價值趨勢變動圖

由上述例子可知，資產相關的風險，就是資產經濟價值、使用價值的變動易受外部因素的影響。我們只要購置固定資產，相應的風險就會隨之出現，只是時間早晚而已。所以，避免固定資產相關風險的唯一辦法，是盡量降低固定資產的購置比例。

對產品製造企業來說，自己生產和委託他人生產，沒有本質區別，所以，生產外包可以降低生產設備的購置比例。按這個思路，租用他人的生產設備，不僅可以控制資產購置比例，還能避免資產價值下跌的風險。

類似的方法還有很多，固定資產作為投資決策的重要內容，買還是不買，不能光看初始投資成本的高低，還要考慮市場環境、經營風險和營運成本。

（6）固定資產管理的頻率和精細度甚至超過存貨管理。

我們通常認為，只要沒有人為破壞，固定資產就是「安全」的。固定資產從購置到日常管理再到處置，整個過程都很「固定」。

然而，能把固定資產管理得有聲有色的公司實在太少，面對物理形態和價值變化都很穩定的資產項目，我們很難做到「有為」的管理。除非，我們能突破固定資產「固定」的物質和價值特性，才能實現動態的管理。

通過第（5）點中的內容，我們知道沒有一種固定資產，具備長期穩定的使用價值和經濟價值，唯一不變的是固定資產生產的「產品」。

在更長的時間觀下，固定資產的經營內涵和流動資產沒有本質區別，都是為生產經營活動而「暫時」存在的資產內容。從這個角度講，購置固定資產是沒有「意義」的，但從生產經營對「工具」的需求來說，經營活動又

不可能沒有固定資產。

我們從長期和短期兩個時間維度同時出發，就能找到固定資產管理的竅門——調配和組合現有資產，在不新增固定資產的前提下，確保經營管理活動正常開展。

這樣的思路，有助於打破「固化」的固定資產管理思維。

圖4-33展示了辦公設備需求和資產調配的關係。在2012年、2013年的兩年間，公司通過購置的方式，滿足了公司對辦公設備的需求。但從2014年開始，公司運用協同辦公系統（諸如打印機共享、企業主機服務）實現了資產的調配使用。於是，公司無須新增規定資產，同樣也滿足了辦公設備的資產需求。

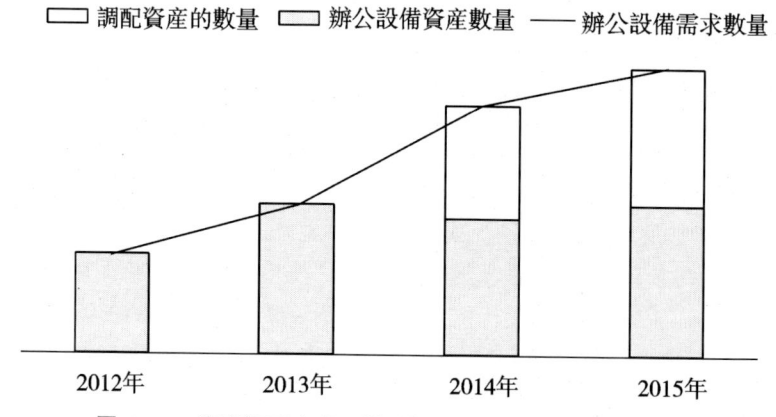

圖4-33 資產調配方式下辦公設備需求和調配關係變動圖

很明顯，公司若是能通過內部調配的方式，滿足生產經營的需求，收益水平將高於新增資產的方式，同時，還能極大提升營運效率和盈利水平。

「會計叔」：將固定資產定位於「生產工具」讓我們撥開雲霧見天日，並挖掘出固定資產複雜的經營內涵。固定資產作為公司最重要的資產項目，值得我們更多的關注。

「算盤哥」：固定資產會計處理的方式「固定」，核算難度不高，但其經營內涵，是我們關注的重點。

第五節　無形資產、開發支出和長期待攤費用

「算盤哥」：這部分資產項目，除了無形資產，都屬於「小眾」的資產項目，我們可以從哪些角度挖掘信息？

「會計叔」：越「小眾」的項目，越能體現經營活動中不常見的細節，也更能於細微處見真章。所以，本節將從商業模式、經營理念、戰略決策等角度，解讀資產的信息。

一、無形資產

無形資產包括專利權、非專利技術、商標權、著作權和特許權。在實際工作中，比較常見的是生產用軟件產品、土地使用權。作為常見的資產項目，與無形資產相關的核算簡單、明瞭，給人感覺並不複雜。雖然看不見、摸不著，形式上很「虛幻」，但從經營的角度看，無形資產的內涵卻很實在。

無形資產作為經濟價值「可單獨辨認」的資產，在其單純的外表下有著複雜的內容。

在會計核算中，我們將不具備物理實體存在的資產，劃分為無形資產，但無形資產的經濟價值卻不是「無形」的。

無形資產不等於「無形的」資產。

舉例來說，很多企業取得的業績，依靠的是某個特別優秀的管理團隊。這樣的團隊能妙手回春、力挽狂瀾，引領公司突出重圍，這當然是公司的寶貴「資產」。

然而，這樣的團隊卻不能通過資產反應出來，關鍵就是缺乏可辨認的價值對象以及可計量的價值基礎，因此，我們無法定量地計算和確認。如果一定要計算此類「資產」的價值，可能的方式有三種：一是公司超越行業平均盈利水平的折現值；二是管理團隊股權激勵兌現時的薪酬總額；三是個人（團隊）離職後公司業績下滑的評估值。

看起來有道理的測算過程，在實務中却難以實現，因為不符合成本可靠計量的要求。

所以，不論是企業「無形的」資產，還是無形資產本身，都存在價值低估的可能。

究其原因，一是「無形的」資產根本無法計量，二是有些無形資產存在價值增長的可能，但在歷史成本法下，資產余額却是不斷下降的（攤銷影響）。

比如，某公司商標權帳面價值 10 萬元，但最近幾年都被評為最具品牌影響力的公司，從市場的角度看，該商標權的現時價值遠遠超過 10 萬元。

所以，我們可以得出關於無形資產的四個推論。第一，在目前的會計準則下，確實存在無法確認的「無形的」資產；第二，這些無法確認的「無形的」資產可能具備很高的價值；第三，除了生產要素用的無形資產（比如生產用軟件），通常都存在價值低估的風險；第四，目前為止，我們的財務會計體系對以上三點無能為力。

既然會計視角下的無形資產，無法完整反應其經濟內涵，我們該如何審視無形資產項目，才能更客觀地理解無形資產？

(1) 無形資產形態雖然「無形」，但其經濟價值却是「無形勝有形」。

人類活動從農耕經濟、工業經濟到現在經濟形態大融合，價值創造對實體形態生產要素的依賴程度逐漸降低。

在農耕經濟時期，一塊地、一頭牛、一戶人、一堆工具，缺一不可；在工業經濟時期，一間廠房、一條生產線、一群人，缺一不可；在知識經濟時期，一個人、一個想法，就齊全了。

我們將以上經濟形態的資產內容，分別編入資產負債表，對比實物資產在總資產中的占比情況。如圖 4-34 所示，可以看出，一定是「工業經濟」時期的資產總額最大，「農業經濟」次之，「知識經濟」最少。而資產的市場價值可能是完全相反的情況。

阿里巴巴公司，絕非是一個「重資產」的企業，但上市後，其市值却是大型製造企業的十幾倍，甚至幾十倍。雖然，融合了各種成功因素的阿里巴巴，不具有可比較的普遍意義，但其代表的公司價值演進過程，却深刻地體現了經濟形態變遷的烙印。

這一切都與「無形的」資產有關。

當大型商超斥重資建門店、改裝潢、擴渠道時，網路營運平臺通過線上

第四章　告別狹隘，從經營的視角看資產

交易和線下服務，已徹底改變了產品交付方式、交易規則和消費習慣。

大型商超上億元的投資，瞬間變得一文不值。

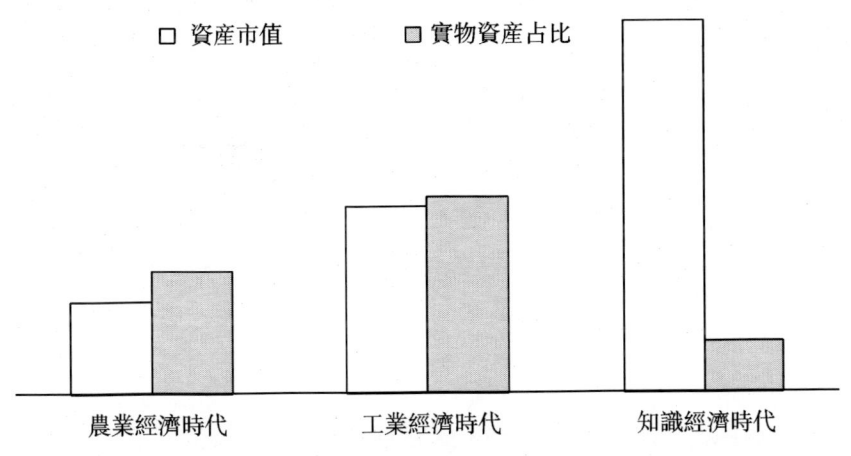

圖 4-34　不同經濟時期下資產中實物資產占比和資產市值對比圖

當然，只有可物化的生產內容，才能創造真正的價值，但這樣的規律卻在「無形的」服務創造價值的趨勢下，受到極大的衝擊。所以，越來越多「無形的」資產變得越來越值錢，有些甚至「無形」到只是個想法。

這一切是怎麼發生的，為什麼會發生？

我們首先肯定一點——只有勞動才能創造價值。但價值創造和價值實現是兩回事，通過交易實現價值的「價格化」過程，價值才能被認可，價值才具有現實意義。

價值決定價格，但價格也可以與價值分離。在后工業經濟時代，相對過剩的供給改變了供需關係，商品的差異性對價格的影響，逐漸超過了功能性對價格的影響。在商品「價格化」的市場中，消費者對個性化產品的價格預期，逐漸超過了商品生產價值對價格的影響。

所以，能生產獨特的、個性化產品的資產所對應的價值更高。在工業時代和農耕時代，因為實物資產的使用價值，決定了具有實物形態資產的經濟價值更高。

在新的歷史時期，同質化的產品越來越廉價，具有創新特質的資產，更能獲得資本市場的高估值，資產價值反而是「無形勝有形」。在未來，因缺乏個性化（不可取代性）資產的公司，更容易陷入資產「虛胖」的尷尬境地。

（2）歷史成本法計量的無形資產價值有失公允。

我們通常根據資產價值損失的可能性，衡量資產價值的風險。實務中，我們將歷史成本法計量的資產價值，與現時價值相比較，以評估資產價值損失的風險。

這種評價方法的前提是，資產的經濟內涵穩定而且易於辨認。換句話說，經濟價值呈線性變化的資產，才具有與現時價值比較的意義。比如，應收帳款、其他應收款，都具有可靠的價值評價基礎。

對無形資產來說，這種方式，就顯得捉襟見肘了。因為無形資產的經濟價值不一定是線性變化的，比如，公司品牌價值很可能是散點式的分佈情況，具有這種經濟特質的資產還包括交易性金融資產。

但交易性金融資產以公允價值計量，有效地破解了這個難題。

無形資產的計價方式則略顯尷尬，就像圖4-35展示的商標權帳面價值和市場價值的變動對比情況。我們按照歷史成本法計量，就是以線性的方式反應價值散點式分佈的資產，顯然有失公允。

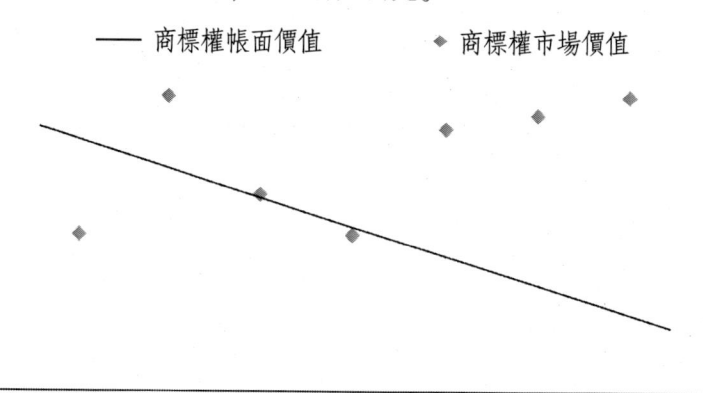

圖4-35 商標權帳面價值和市場價值歷年變動對比圖

無形資產很難採用公允價值計量的原因是：個性化的無形資產不存在公開的交易市場。這就導致無形資產價值增長的動因也是個性化的，比如，商標權價值基本由市場影響力決定，但我們很難將「影響力」量化為具體的金額。

因為資產負債表是反應公司資產價值的載體，當其無法體現資產價值內容和變化時，資產負債表不過是「資產構成明細表」，其反應資產經濟價值和未來收益的功能就大打折扣。

第四章　告別狹隘，從經營的視角看資產

所以，我們客觀看待無形資產的前提是瞭解公司的行業特徵、經營內容和業務結構，只有考慮了與無形資產相關的市場信息，我們才能判斷無形資產的現時價值。

「會計叔」：從市場的角度分析無形資產，能更客觀地看出資產的價值，這一點突破了歷史成本計價方式的局限，更加公允和合理。

「算盤哥」：我們分析公司無形資產時，應更多從品牌價值、行業競爭力、市場份額等要素入手，避免受計量方式的限制，做出不恰當的判斷。

二、開發支出

公司自行設計、實施和研發的無形資產，在資產成型前，相關支出都反應為「開發支出」。無形資產和開發支出的關係，類似於固定資產和在建工程的關係。

準確地說，開發支出反應的是研發費用中「開發部分」的內容，也就是資本化階段的支出，「研究階段」的支出作費用化處理。

提到費用化和資本化，我們首先想到「資本化」的支出會形成資產；其次，費用化的研發支出會影響當期損益；最後，是如何確定資本化和費用化的範圍、金額和內容。以上三個內容的關鍵是最後一點，它直接決定未來形成的資產的價值，以及對各期損益的影響。

對老闆來說，這事就沒那麼麻煩了，關鍵是花了幾千萬，能研究出什麼玩意，能創造多大價值，至於資本化還是費用化，會計安排合理就行。

研發支出未來會形成多少資產，取決於總投入和資本化的比例，而如何確定研發支出「資本化」的金額，則有點「隨心所欲」的意思。

我們先看研發支出資本化的五個條件：技術上能夠使用或出售；具有使用（出售）的意圖；該無形資產生產的產品或無形資產自身存在市場，且內部使用能證明其有用性；有足夠資源支持完成開發並有能力使用或出售；支出能夠可靠計量。

這五個條件，除了最後一項，都需要人為判斷，只要有證據能滿足條件

就行。這樣的規則感覺是給大家留了個后門，其實吧，真的是留了個后門。其目的是避免研發投入對損益的影響過大，鼓勵大家多研發新技術、新工藝和新材料，提升市場競爭力，特別是國內企業在國際市場的競爭力。

現實中，研發成本可以小到幾千上萬塊，比如現在的創意產品，數不勝數，這樣的研發項目是否資本化影響不大。但有的項目投入則是天文數字，比如醫藥行業、石油化工行業、通信行業，這些行業的研發支出，通常以五年滾動規劃的形式出現（還有八年、十年甚至更長時間的規劃），並由專門的部門和人員負責執行，就時間安排來看，研發支出的投入可想而知。

這類公司的研發費用如何資本化和費用化就有講究了，因為總的研發投入巨大，一年的研發支出就可能消耗當年全部利潤。這樣的研發項目如果全部費用化處理，很可能研發多久，公司就「虧損」多久。

研發支出如何資本化和費用化，還直接影響公司研發的積極性。這一點，在國有企業表現尤為突出，因為是受託經營關係，年度經營業績與管理層履職評價密切相關。站在受託方的視角，如果是為了將來才能獲得的收益，現在投入巨額的研發支出，拉低當期的業績，這一定是「不理性」的選擇。在受託方看來，除非付出的勞動在當期能體現業績，否則就是「低效」的經營活動。

開發支出與公司研發活動密切相關，我們以資本化的研發支出為基礎，挖掘關於開發支出三個方面的內容。

（1）開發支出反應了一個有追求的公司的行為。

大多數公司著重從內部管理、市場拓展兩個方面提升市場競爭力。「內部管理」和「市場拓展」做得好，公司營運能達到中高水平，但要成為頂級高手，還得靠內功。所以，研發活動是企業經營中比較特殊的行為，屬於最高層次的「內功修煉」。

所謂「內功」就好比咱家管理不如張三，市場拓展不如李四，但咱家就是生意好、客戶多，因為咱有「祖傳秘方」!

研發活動就是為了打造公司的「祖傳秘方」。要得到「秘方」，我們可以自己研發，研發不出來可以買，買不來可以租，租不來可以借，借不到可以仿。

這看起來是打造研發能力的一般規律，其實是競爭環境下，公司被逼無奈的選擇。我們以前總詬病國內企業生產附加值低，高額利潤都被外國資本拿走了，說到底是誰擁有核心技術（秘方）的問題。

第四章　告別狹隘，從經營的視角看資產

20 世紀 80 年代起，沿海地帶的製造業，最初以代工的方式經營，到后來發展出自有品牌，再到後來擁有自主知識產權，就是這麼個過程。

在當下人工成本持續走高、國際製造業回遷的大環境下，繼續以簡單代工為主要生產方式，生存下去都很困難。有朋友會說，富士康不就是代工企業麼？富士康的確從事「代工」業務，但富士康是以代工為基礎，開發出眾多工藝的專利技術，並與代工服務的廠商（蘋果、三星、佳能等）相互交叉授權。

他們重點還是核心技術，如果沒技術，早就淘汰了。

道理很簡單，但為了將來的收益，在當下投入不菲的研發資金，還要冒著失敗的風險，這樣的魄力却不是每個公司都有的。

按常理來說，研發活動的前提是「既有錢又有閒」。那些忙著搶市場和忙著擴大生產規模的公司，不太具備研發的資本和精力。但現實中，這些忙著生產和市場拓展的公司，研發投入的熱情却往往超過「有錢有閒」的公司。

好比愛學習的同學，不僅上課認真，下課后還參加各種課外輔導。有些公司就是愛學習的同學，不僅拓展市場、提升管理，還熱情高漲地投入研發。

只有在拓展市場、提升管理的過程中，才能發現不足，才會找到增強核心競爭力的方向。

所以，當我們看到資產負債表中有開發支出的內容，至少說明這家公司不滿足現狀，希望從核心競爭力入手超越同行，而且都能看到資本化的研發活動（開發支出）了，說明該研發工作已達到相當程度。

這樣的公司，作為合作方，值得合作；作為競爭對手，值得關注；作為被投資對象，更值得投資。

（2）解讀開發支出需要結合「研發費用」。

「開發支出」反應的是研發費用中「開發部分」的內容，只看開發支出，當然無法完整理解研發活動的全貌。一般來說，單個研發項目的費用化支出和資本化支出同時出現的可能性不大。但一些大型研發項目，通常是由多個組成部分共同推進的，整體來看，就可能同時涉及費用化和資本化的內容。

就像圖4-36反應的內容，只看資本化部分對應的「開發支出」，會低估公司研發投入。在一些大型研發項目中，投入基礎研究的費用，遠超商用階段的開發支出。我們只有掌握研發費用的整體情況，才能理解公司的研發活動。

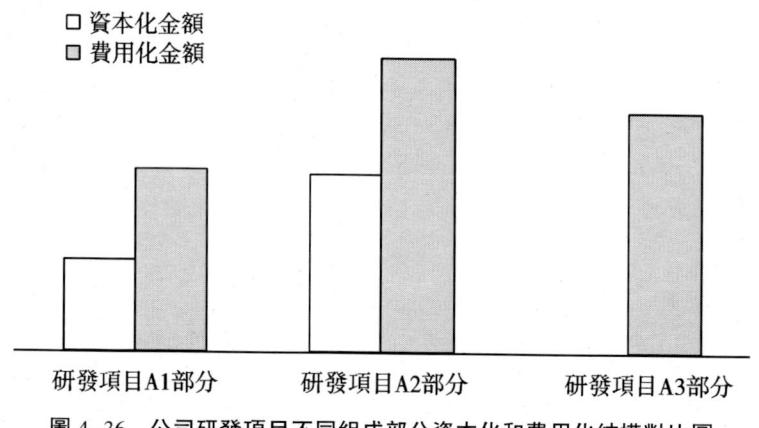

図4-36　公司研發項目不同組成部分資本化和費用化結構對比圖

「研究」作為「開發」的基礎，通常來說，研究階段的支出越大，成功的可能性越高，形成「資產」的價值創造能力越強，但研究階段花錢越多，如果開發失敗，損失也會更大。同時，從技術角度看，技術研究和商業開發並非「一比一」的對等關係，所以不論何種研發項目，多少都會有部分研發費用的「浪費」。

瞭解研發費用整體的支出情況，是為了掌握研發支出和研發進度的關係，進而判斷研發項目成功的可能性。

舉例來說，藥品的研發會經歷六個階段，從新化合物實體發現、臨床前研究、申請臨床試驗（IND）、臨床試驗+臨床前研究（繼續）補充，一直到最後的新藥申請（NDA）和藥品上市。時間跨度少則幾年，長則十幾年。

我們假設，某新藥的研發費用預算是1,000萬元，研發週期是三年，研究階段和開發階段工作量比例是4：6，當研發週期到第二年時，研發進度應該與時間進度相互配比，差不多在66%的水平。相應的，我們對比該新藥的研發費用總體支出，如果與66%的研發進度相比過高或過低，就反應出研發失敗的風險過高，或是研發效率過低。

第四章　告別狹隘，從經營的視角看資產

（3）研發費用可以是研究任何內容而發生的支出。

說到研發費用，我們首先想到新技術、新工藝，這是對研發活動最自然的反應。實際上，只要具有研究活動特質的行為，都可以是「研發費用」核算的對象。

舉例來說，公司為了提升精細化管理水平，研究了新的組織架構和管理流程，為此支出了2萬元的費用，本質上這些內容也屬於研發費用，但因為費用化的處理方式，我們通常將其歸入具體的費用項目（加班費、培訓費等）。所以，我們從成本明細中看不到對應的內容。

雖然研發活動是基於思考和實踐進行的行為，但並非所有的思考都能成為研發活動。比如，會計核算時，思考如何入帳處理，就不是研發活動；市場人員思考如何與客戶交流，也不是研發活動。只有思考的內容具有獨創性，且具有可持續的使用價值時，才可能成為研發活動。

從圖4-37可以看出，具備了研發活動的特質，相應的支出才能作為研發費用。要注意的是，除非經過相關機構認定，否則，相應支出無法取得所得稅加計扣除的優惠政策。

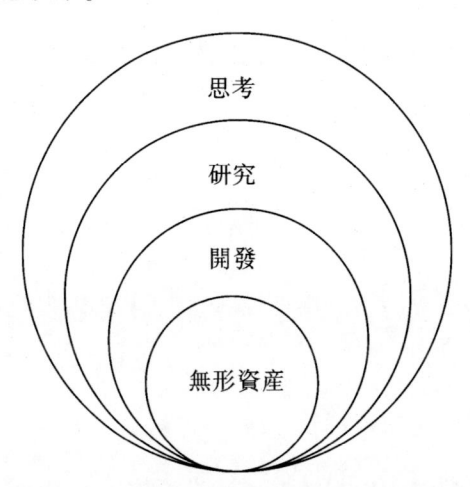

圖4-37　無形資產與研發活動的層進關係

總的來說，「開發支出」與「在建工程」相似，都是資產成形前的「孵化」階段。比較特別的是，「開發支出」前還有一個醞釀過程——研究階段。

所以，把握研發項目如何資本化是重點，更重要的是，在實務中，合理判斷研發活動對當期業績的影響，並選擇資本化的時點。

143

「會計叔」：看來，解讀「開發支出」的前提條件是瞭解業務，除非知道產品、技術和研發三者的關係，否則，只看「開發支出」能獲得的信息實在有限。

「算盤哥」：作為一個不太主流的資產項目，開發支出是一個公司「軟實力」的展示，這樣有內涵的資產項目，當然值得我們好好品讀。

三、長期待攤費用

因為核算對象和內容特殊，長期待攤費用具有明顯的「備胎」氣質——凡是企業已經支出且攤銷期限在1年以上（不含1年）的費用，就是長期待攤費用歸集的內容。從其定義來看，實在不像「資產」，因為長期待攤費用很難與預期收益、經濟流入等內容直接對應。

比方說，固定資產大修理支出，因為沒有從根本上改變固定資產的物理結構和生產特性，不需要調整固定資產的原值，但因為其支出金額較大，且影響時間長於一年，就歸集在「長期待攤費用」中。再比如，委託發行股票的佣金等相關費用，因為股票溢價不夠抵消，且金額較大，也作為長期待攤費用處理。

「大修理」看起來還有點資產的意思，「佣金攤銷」則幾乎沒有任何資產的感覺。

這恰恰也是爭論長期待攤費用是否應該作為資產項目的焦點。支持和反對的觀點涇渭分明、各有千秋，但在實務中，從核算方式的來看，長期待攤費用也只能作為資產項目。

不管有沒有道理，現在準則是將「長期待攤費用」劃入非流動資產，但我們關注的重點，是從經營的角度解讀長期待攤費用。

（1）長期待攤費用是現在已發生的支出，未來體現為成本的內容。

長期待攤費用中的「費用」二字，很直觀地反應了長期待攤費用對應的是支出已發生，但成本在未來體現的經濟業務。

比如，經營租賃固定資產的改良支出，與之相關的費用一次性計入長期待攤費用。從核算分錄來看，長期待攤費用與成本、費用科目類似，區別在於長

第四章 告別狹隘，從經營的視角看資產

期待攤費用不是一次性計入損益，而是根據核算的內容，分期攤銷影響損益。

我們從圖4-38可以看出，長期待攤費用發生時，並非直接計入當期損益，而是在攤銷期內以固定的金額持續影響損益。

圖4-38 長期待攤費用餘額級攤銷趨勢圖

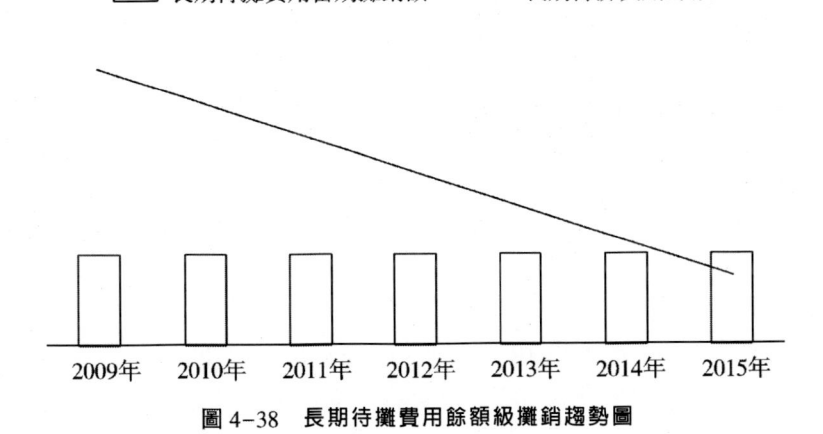

（2）長期待攤費用與預付帳款有本質的區別。

預付帳款和長期待攤費用，二者結轉成本、費用的方式相近，但二者的經濟內涵卻有本質的區別。預付帳款核算的是經濟業務尚未完成的內容，而長期待攤費用核算的則是經濟活動已發生的支出。

如圖4-39所示，在支出金額相同的情況下，預付帳款和長期待攤費用對現金流的影響是一樣的。

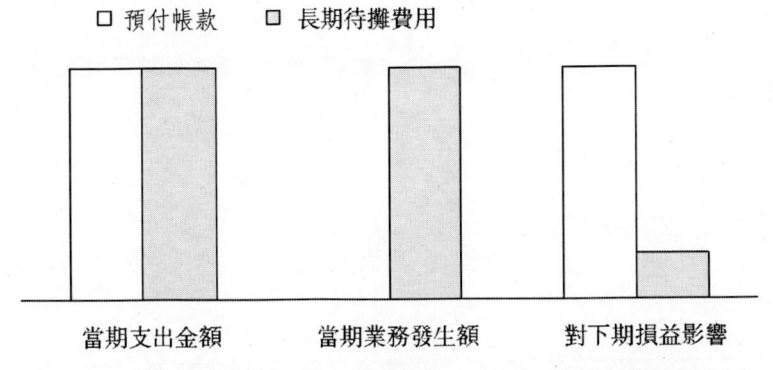

圖4-39 長期待攤費用和預付帳款對資金、業務和損益影響的對比圖

不同的是，預付帳款對應的業務在當期尚未完成，這與長期待攤費用

相反。

同時，二者對下期損益的影響不同，預付帳款是一次性計入損益，而長期待攤費用則是分期攤銷。

所以，從經營的主動權來看，預付帳款弱於長期待攤費用；從風險控制的角度看，預付帳款却強於長期待攤費用；從與損益的關係看，二者都是在下期影響損益，但長期待攤費用的總額更高、時間更長。

我們把握預付帳款和長期待攤費用，關鍵在於判斷經濟活動是否發生、對損益影響的時間週期這兩個要點，不能以資金是否支出作為評判的標準。

（3）長期待攤費用可能成為利潤調節的「工具」。

會計核算中，但凡涉及「攤銷」的內容，一定與分攤週期、分攤方法、分攤基礎有關。長期待攤費用攤銷的基礎簡單明瞭，採用的是直線攤銷法，有區別和變化的是攤銷週期。

比如，已足額提取折舊的固定資產，產生的改建支出，屬於長期待攤費用，我們按資產尚可使用年限攤銷。問題是「尚可使用年限」的標準是什麼？

實務中，這基本由大家在合理範圍內自行判斷。

如果尚可使用年限更短，攤銷金額自然就高，對損益的影響就大，反之當然更低。在實務中，正是因為攤銷年限是個「可選項」，公司也就具備了通過選擇不同攤銷期，調節利潤的空間。

舉例來說，在滿足會計準則最低攤銷期的要求下，公司自行確定資產大修理費用的攤銷時間，我們以「五年期」和「十年期」為例。從圖4-40中兩種情況的對比可以看出，五年期攤銷下的長期待攤費用對攤銷期內損益影響的金額更高，同時，資產存在的時間更短。

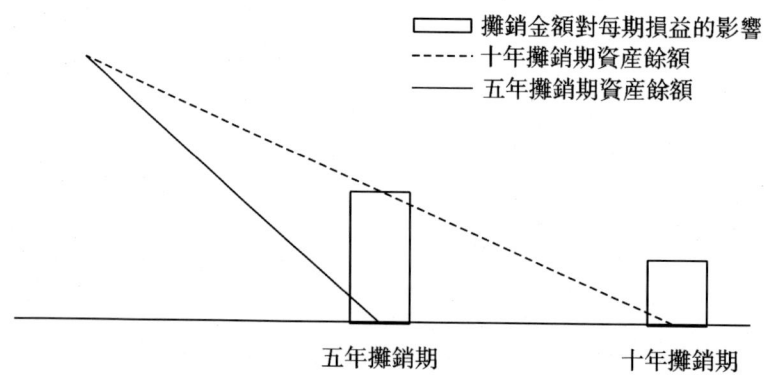

圖4-40 不同攤銷期對長期待攤費用余額和損益影響的對比圖

在公司預計未來盈利水平較高的情況下，自然會選擇更短的時間攤銷長期待攤費用，反之，則會選擇更長的攤銷期。

「算盤哥」：雖然從財務會計的角度看，長期待攤費用作為資產項目，有點「不倫不類」的意思，但在實務中，我們更應關注費用的攤銷週期、方法和基礎。

「會計叔」：我們只有從長期待攤費用核算的具體內容入手，才能掌握該項目真實的情況。特別是該項目「業務活動已發生，現金已支出，在未來才體現為成本」的經營特質，是我們把握長期待攤費用的關鍵。

第六節　長期股權投資、資產減值損失

「算盤哥」：首先，這兩個資產項目的核算比較麻煩。其次，從經營的角度入手，其內涵應該比其他的資產項目更複雜。所以，從這兩個項目，我們可以解讀出哪些內容？

「會計叔」：一般來說，核算複雜的項目，其管理和經營的內涵也不簡單，能解讀的內容更多，是我們挖掘財務和業務信息的「富礦」。

一、長期股權投資

要論非流動資產中核算最複雜的項目，長期股權投資絕對名列前茅——股權控制關係，初始確認和計量，后續計量方法的調整，投資收益的確認，處置時的會計處理，對合併報表的影響等內容，不論是在理論學習還是實務操作中，我們都得苦費一番腦筋。

為此，我們解讀長期股權投資的時候「偷個懶」，不談具體核算，而是從經營層面挖掘信息，站在遠處觀察長期股權投資，跳出此山中，再識其真面目。

（1）開展長期股權投資的公司，都有做大做強的「野心」。

除了政策性的企業兼併、重組和股權投資，市場化的長期股權投資行為通常有六個目的。一是增強行銷能力，比如生產企業收購銷售企業，將銷售渠道掌握在自己手中；二是降低生產成本，比如收購上游原材料供應商的股權，達到控制原材料價格的目的；三是「抱團取暖」，比如同一行業的兩家公司，相互持有對方股權，形成公司聯盟；四是降低或消除競爭，比如行業內的大公司收購小公司的股權，以避免惡性價格戰；五是獲取長期收益，通過收購成長預期空間較大的公司股權，獲取持續增長的收益；六是佔有稀缺資源，通過股權控制，獲得被收購方的特許經營權，或是佔有被收購方的土地使用權。

第四章 告別狹隘，從經營的視角看資產

對上市公司來說，通過收購股權的方式控制其他公司，還能迅速擴大企業規模，提高收入，增加利潤，通過資本的力量實現跨越式增長。如圖4-41 所示，公司的長期股權投資活動，極大地推進了公司市值的增長。同時，因為收購其他公司，合併報表口徑下的收入增長率遠高於「無收購行為下的收入增長率」。

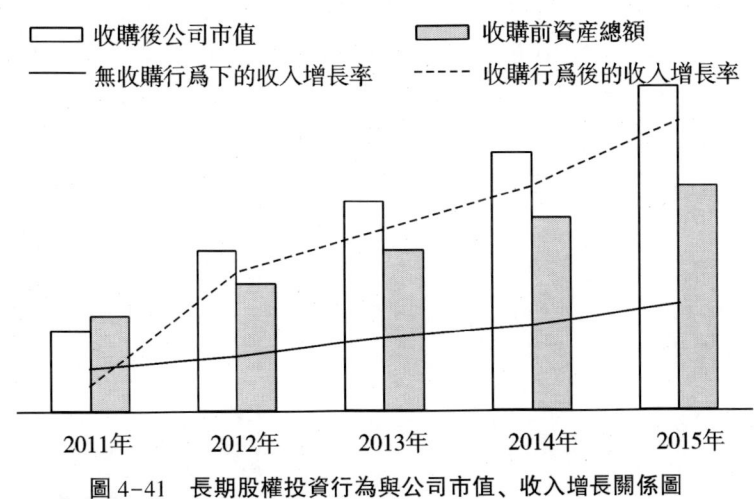

圖 4-41 長期股權投資行為與公司市值、收入增長關係圖

從經營角度看，長期股權投資的內在邏輯是——與其勞力費心地投建生產線、建設銷售渠道，不如股權控制其他公司或與其他公司合營、聯營，從而「坐享其成」。

不論是靠累積實現「資本積聚」，還是靠整合實現「資本集中」，公司一定選擇增長速度更快、支出更低的方式發展。所以，長期股權投資也可以看作是更高層面的「成本管理」活動——用最少的支出，換最多的收益。

（2）長期股權投資的收益和風險雙高，「天堂」「地獄」一線之隔。

長期股權投資的「槓桿效應」，推動公司以幾何級數的速度增長擴張，多少盛極一時的超級企業因此傲視群雄，卻又因此轟然倒塌。

真是「成也長期股權投資，敗也長期股權投資」。

通過股權收購，一個公司可以獨霸整個產業鏈，而這樣的股權關係，也使相關公司成了一條繩上的螞蚱。經營好的時候，大家「同甘」，但要共渡難關時，卻不一定能「共苦」。不同於交易性金融資產靈活的退出機制，長期股權投資使得雙方經營、管理活動相互交叉，正因如此，投資退出或處置時，可能是「壯士斷腕」的場面。

進入時不容易，退出時，有可能連門都沒有。

長期股權投資構建的是股權控制關係，除非經年累月地投入管理，改造價值觀，單說情感關係，肯定沒有「原配」的好。但大哥確實無力回天，只能散伙，但這也不是說說就能辦到的。

退出方案是什麼？這些兄弟公司托付給誰？乾脆賣了吧，結果一算帳，這些年賺的全虧沒了，可要是不賣，拖得越久，虧得越多。

如圖 4-42 所示，2010 年以前公司長期股權投資的收益，助推了整體收益。但從 2011 年開始，被投資單位開始虧損，拉低了公司整體收益。到了 2014 年，該項投資總體虧損，並在 2015 年達到最低點。

公司只能退出這樣的投資項目，否則時間越久，虧損越大，但虧損的項目是很難退出的。

實在賣不掉，只能註銷清算，看似乾淨利落，可砸斷骨頭連著筋。正如圖中反應的情況，公司決定於 2013 年清算註銷公司，但退出成本直接消耗了以前期間累積的收益。

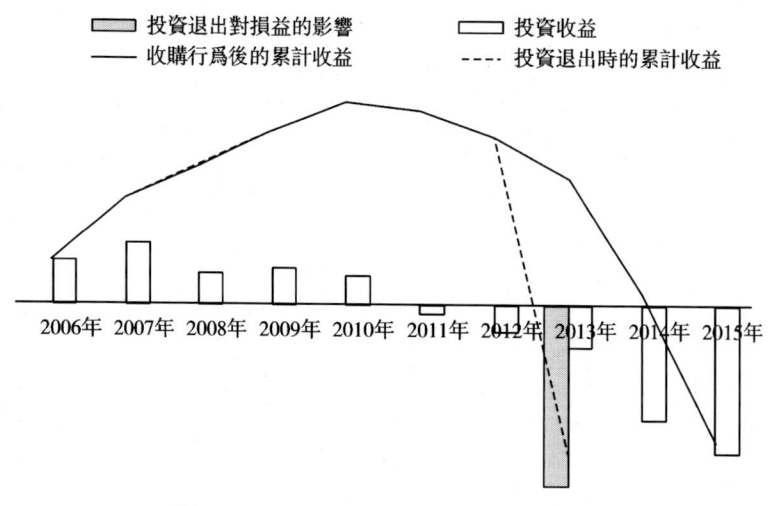

圖 4-42　長期股權投資與公司收益關係圖

曾有一家破產清算的公司，老板感慨整整這一年啥事都沒做，光吵架打官司了，關鍵就是人員安置方案眾口難調，甚至有已經接受了賠償方案的員工，想不通又回來接著鬧。可要全都滿足，成本高得驚人，這幾年真白干了。

所以，公司的長期股權投資決策，除了要考慮期初投資成本，還要設計

股權退出路徑和退出時點，以最壞的打算，做最好的準備。

（3）通過長期股權投資，公司利潤調節的空間大、方式多。

長期股權投資後續計量有成本法和權益法兩種方式，成本法下確認投資收益的方式很簡單，難點在於權益法。因為雙方會計政策和會計期間存在差異，需要調整被投資方的資產價值和損益。比如，以公允價值重新計量取得的投資，就要調整資產相關的折舊和減值準備；發生未實現內部交易時，還要抵消雙方交易涉及的損益內容。

這些為了準確核算投資收益的規則，有可能成為利潤調節的工具。比如，權益法的關鍵是公允價值，但問題是如何取得公允價值，這些公允價值是否真的「公允」？我們知道，有些長期股權投資不是在開放市場中完成的交易，資產的公允價值來自「評估報告」——人為判斷的結果。人為判斷，受主觀意識的影響。

再如，調整「未實現內部交易」，是為了剔除內部交易中重複計算的內容。如果我們無法判定內部交易的內容最終有沒有轉移到第三方，那麼，需要調整多少以及如何調整，就是利潤調節的空間。

所以，基於長期股權投資構建的股權關係的各關聯企業，通過內部交易的方式，調節利潤的「能量」和「能力」遠超其他資產項目對利潤的影響。

「會計叔」：長期股權投資是公司的重大投資行為，不是經常性的資產項目，特別是對初始投入成本的界定，以及後續計量相關內容的判斷，都是核算工作的難點。

「算盤哥」：如何管理長期股權投資，是個技術活。它不只是會計核算，還融合了人力、管理、生產、企業文化、政策法規，是一個系統性的大工程。

二、資產減值準備

我們在報表中唯一能見到的「資產減值準備」，是固定資產項下的內容。其他資產的減值準備，則不在報表中單獨反應，而是作為對應資產的餘額抵減項。資產減值準備在減少資產帳面價值的同時，還會影響當期損益（可能是正向的，也可能是負向的）。

從資產經濟價值變化的一般規律看，只要是資產，都存在價值損耗的風險。比如貨幣資金，雖然準則不要求計提減值準備，但我們知道，貨幣時刻都處於通貨膨脹的「減值」壓力中。

這麼看來，資產減值準備是經濟概念下的會計內容，也就是說資產未來收益低於帳面價值時（會計計量的金額），就要計提減值準備。

這重點突出了會計謹慎性的要求，既不能高估資產（未來收益），也不能低估風險（未來支出）。問題是，我們判斷資產的未來收益，是基於資產本身的盈利能力，還是經營活動的收益預期？

舉例來說，我們按減值準備計提標準測算，某公司的資產是不需要計提減值準備的。但該公司的業務處於盈利下行的通道中，公司經營整體受限，這種情況下，我們是否需要計提減值，如果是，又該如何計提資產的減值準備？

有一種方法是，公司撰寫行業分析報告，描述公司未來經營預期，得出應整體計提減值準備的結論。然后，在各資產項目中分配減值金額。雖然，這種方式客觀地反應了公司未來盈利能力的變動趨勢，但資產減值準備還是缺乏充分、完整的計提依據。

所以，資產減值準備給我們的終極考題是：資產負債表是否真實地表達了公司的權利和義務？而我們解讀資產減值準備的意義就在於，甄別公司到底是「虛胖」還是「實壯」。

（1）計提資產減值準備是有底氣的勇敢。

首先，我們需要明確的是，資產減值準備不會直接影響公司現金流，但一定會影響損益，從而影響投資者對公司經營的滿意度。所以，受託經營的職業經理人，在主觀上，是不願意干這事的。畢竟，經過一年的經營，資產價值還降低了，股東會很不開心。

但作為公司老板，客觀上，是需要瞭解資產真實價值的。畢竟，把報表做得花團錦簇，編造出一副欣欣向榮的樣子給自己看，一點意思都沒有。但老板掌握資產價值的真實情況，不一定要在財務報告上體現，畢竟，報表是要拿給合夥人和股東看的，如果影響了大家的信心，公司的后續發展也會受阻。正如圖4-43所展示的三種情況，隨著減值準備計提金額的上升，公司淨利潤和股價快速下降。

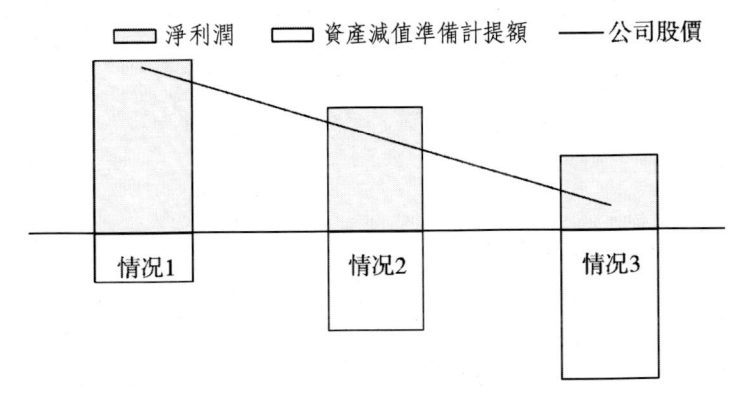

第四章 告別狹隘，從經營的視角看資產

图 4-43 資產減值準備對淨利潤和股價影響

不論是主觀還是客觀，公司都不願意自曝家醜，自揭傷疤。

所以，但凡計提了減值準備的公司，光是直面現實的勇氣，就值得稱道。

當然，在實操過程中，一家公司光有「勇氣」還不行，還得有「底氣」。

比如，公司為了獲得第二、三、四、五輪融資，正苦苦支撐業績，自然不敢暴露資產減值的情況。畢竟，就算投資者認可管理層客觀反應資產價值的職業操守，但也不會就此認同公司未來盈利能力。

所以，減值準備就是「富人家」的孩子，往往是越有「錢」越敢提，越「窮」越不敢提。公司經營得好，計提資產減值時利潤扛得住，如果經營吃力，實在不敢雪上加霜。

說到底，計提資產減值準備，一定是有底氣的勇敢行為。

（2）計提減值準備就是從市場角度審視資產價值的過程。

資產為了創造收益而存在，不能創造收益的資產，除了本身對損益有影響（折舊、攤銷），還會消耗管理成本（資產實體存在就需要管理）。

失去價值創造功能的資產給公司帶來雙重的傷害。

只有在市場環境下，公司業績才能被合理地評價，同理，只有在市場中評價資產，才能看出資產帳面價值和現時價值的差異。

舉例來說，公司擁有一套車床設備，沒有非正常損耗，也不存在技術進步被淘汰的風險。但車床生產的產品，預期已沒有客戶需求，那麼作為生產工具的車床，就應全額計提減值。

好比圖 4-44 中展現的資產市場價值和帳面價值的關係，按照歷史成本

153

計價確認的資產價值，只是反應了穩定的市場環境和經營狀態下，資產價值變動的一般規律。但我們知道，在瞬息萬變的市場中，資產的市場價值是起伏不定的，如圖中展示的走勢，隨著時間的遷移，資產的市場價值甚至會迅速下降。

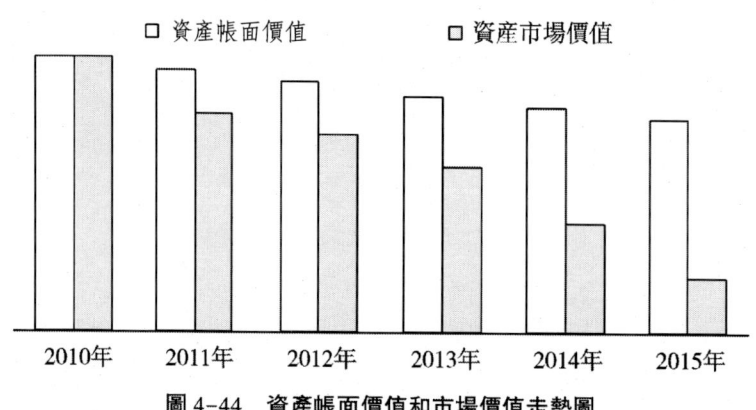

圖4-44 資產帳面價值和市場價值走勢圖

會計以貨幣計量的方式反應經濟活動，所以，資產不能創造價值時，就應調減資產的帳面餘額，這個邏輯正確並可行。

會計需要從市場角度評價資產的價值；那麼作為老闆，就應該站在戰略的高度，認識資產減值的風險；作為業務部門，則應第一時間掌握市場變化的信息；對股東來說，則要樹立資產隨時都處於減值風險中的投資理念。

（3）資產減值準備是公司利潤的秘密儲備。

會計判斷資產減值的條件有三個：一是資產已經或將要被閒置、終止使用或提前處置；二是資產陳舊過時或實體已損壞；三是資產市價大幅下跌，而且是超過正常時間推移而預計的下跌。

我們從經營的角度，再來理解這三個條件。

第一，對已經或將要閒置不用的固定資產，最好的處理方式是賣掉，而且越快越好。不論處置還是計提減值，都會對損益造成影響，資產已經失去使用價值，但不及時處置，不過是掩耳盜鈴。

第二，陳舊過時或實體已損壞的資產，最好的處理方式是維修，除了確實無法通過維修保證其使用價值的資產。如果我們對陳舊過時或實體已損壞的資產既不修也不補，而是直接計提減值準備，說明我們抱著「用完了事」的心態繼續使用資產。

第四章 告別狹隘，從經營的視角看資產

第三，資產市價大幅下跌需要計提資產減值，這是從經濟內涵的角度判斷價值變化的邏輯，同時，這也是最不好界定的減值標準。由於市價下跌，所以計提減值，在邏輯上沒問題，但從資產的使用價值出發，則不一定合理。

比如某生產設備，實體完好且持續用於經營，如果市場中已沒有這種型號的設備（相當於市價為零），我們全額計提減值，該資產的帳面價值為零。投資者的第一反應是，該資產已不具備價值創造的能力，而這就與實際情況截然相反。

減值準備的標準看似簡單，運用起來實則複雜，難就難在該不該計提，以及計提多少。除非是具有直觀的、能取得共識的證據，否則通過減值準備調節利潤的空間實在太大。

如圖4-45展示的三種情況，因為資產減值準備的調整空間大，利潤調節的可能性就多。當公司利潤偏高，想要隱藏業績時，可以多計提減值準備，這時就存在資產價值低估的風險。

真正會帶來損失的是「高估風險」，好比情況2，資產的減值跡象已出現，公司却少計提減值，導致會計信息無法反應經營風險，將來轉化為財務風險時，很可能導致公司利潤「斷崖式」下滑，甚至導致公司「猝死」。

所以，從財務的角度看，資產減值準備計提多少，直接影響對應資產的價值，進而影響公司未來的收益。從經營的角度看，少計提減值準備反應了公司對風險預判不足，容易在經營決策中做出錯誤的判斷，甚至誤導公司中、長期戰略規劃。

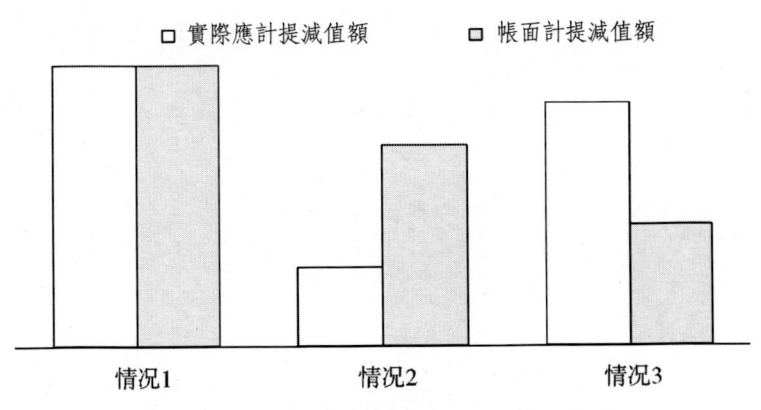

圖4-45　資產減值準備計提的三種情況對比圖

（4）計提減值準備時資產實際價值已損失。

實務中，資產的減值準備是基於資產未來價值的判斷，調整和修正資產帳面價值。未來才會發生的事，有太多可能，「減值」不一定導致損失，但在實務中，通過可靠證據反應的價值變化，多半就是「確定」的損失。

所以，已反應為資產減值準備的內容，可以理解為未來價值下跌的「現時」表現，只是資產交易或處置活動尚未實施，暫時將其放置在資產減值準備項目中。

更進一步地，我們還可以根據減值計提的對象，將減值準備理解為未來的營業外支出、經營虧損、公允價值變動損益等損益內容。

「算盤哥」：減值準備從財務角度看，降低了當期收益，但從經營角度看，可以反應公司資產的風險管控點。

「會計叔」：的確如此，資產的「減值」提或不提，就在那裡，不增不減，對資產減值掩耳盜鈴、避而不見，終究會付出代價，不如及早發現、及早處理。

第七節　在建工程、長期應收款

「算盤哥」：在建工程是我們常見的資產項目，長期應收款也不陌生，二者的經濟內涵差異比較大，我們對其的分析方法可以一樣嗎？

「會計叔」：世間萬物均有聯繫，雖然我們不能用完全一樣的方法，分析這兩個項目個性化的內容，但我們把握經營內涵和生意邏輯的思路，卻是不變的。

一、在建工程

在建工程反應的是固定資產在尚未完工階段，因為新建、改建、擴建，或技術改造、設備更新和大修理而發生的支出。所以，在建工程項目對應的是固定資產，以此為出發點，我們可以挖掘在建工程的主要特徵。

實務中，我們將未完成的項目，模糊地稱為「在建工程」。實際上，在建工程是有明確產權界定的概念，只有對於資產所有者來說，才能在報表中反應為「在建工程」。

在建工程有兩個特徵，一是作為資產相關支出的「中間結轉項目」，在報表項目中單獨列示，其本質是對固定資產投產前相關支出的歸集；二是在建工程是建造、重構固定資產的關鍵步驟，這在本質上，區別於資產的日常維護管理。

（1）在建工程項目歸集的是因為「在建工程」才發生的支出。

從產權關係看，在建工程完成後的資產，最終屬於公司所有，但在建工程的實施過程不一定由公司自行完成。比如，房屋大修理這種高技術、重勞力的項目，除非公司本身就是建築企業，否則不可能自行完成。所以，在建工程項目歸集的支出，可能包括分包成本、材料成本及其他生產輔助費用。

因為「在建工程」而發生的支出，當然應該計入在建工程項目。

我們設想一種情況，某公司會計在辦公樓更新改造工程中，被委任為該

項目的專職會計，請問，他的人工成本是否計入在建工程？

觀點一：應該計入。因為該會計為在建項目提供了服務，對應的人工支出，就是在建工程歸集的對象。

觀點二：不能計入。因為會計提供的核算服務具有普遍性，核算在建項目只是工作內容的調整，即使沒有在建項目，公司仍需要向該會計支付人工成本。

那麼，哪種觀點是正確的？

從成本歸集的角度看，第一種觀點是正確的。按照成本分配的理念，不論是經營還是管理，都可以對應具體的業務行為，而業務行為可以對應具體的業務內容。然而，從支付會計人工成本的方式來看，第二種觀點是正確的。公司沒有開展在建項目時，會計也會獲得同樣的薪酬，會計的人工支出不是因為在建項目才出現的，二者沒有必然的因果聯繫。

在實務中，我們通常選擇第二種處理方式。

所以，在建工程歸集支出的範圍是，那些與在建項目存在「一對一」因果關係的支出。

對於採用外包方式建造的在建項目，因為支出形式單一（分包成本），不存在如何歸集的問題。但對自行建造的在建項目來說，成本歸集確實存在判斷和選擇的問題。

如圖 4-47 所示，歸集範圍較小時，在建工程帳面價值就會低於實際支出；如果歸集範圍過大，則會超過項目的實際支出。所以，我們在項目立項時，就應注意界定成本歸集的範圍和方法，避免項目完工時低估或虛增資產價值。

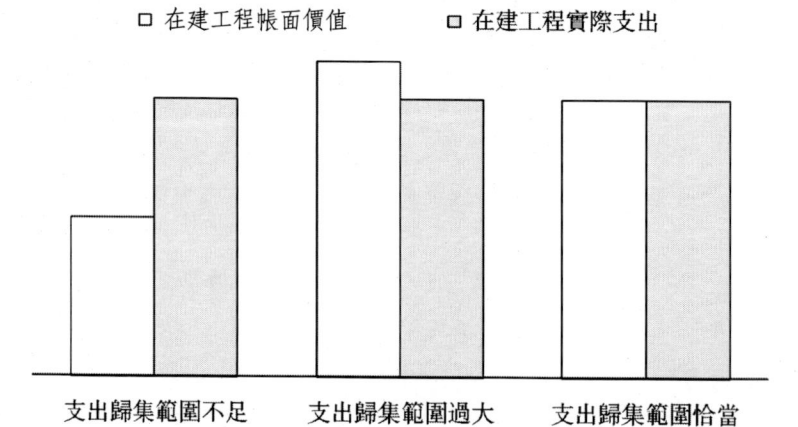

圖 4-47 在建工程支出歸集範圍對帳面價值和實際支出情況對比圖

第四章 告別狹隘，從經營的視角看資產

（2）在建工程的風險在於項目建造進度和建造質量。

在建工程是固定資產形成前的狀態，與生產經營直接相關的在建工程，本質上都是對資產的重構（整體或部分）。好比初生的生命，長得好不好，破殼而出前的階段至關重要。

從生產的角度看，在建工程是對資產物理形態的「創新」。創新的第一步是「破壞」，先打破原有物理結構，再建立新的生產方式；第二步是提升，在某個方面提升資產的生產效率；第三步是調整，因為生產工具會改變勞動者的行為方式，只有不斷地優化，才能發揮資產的最大功能。

如圖 4-48 所示，建造過程是決定資產質量（物理形態和功能）的關鍵階段。一般說來，在質量有保證的前提下，在建項目的實施週期越短，對生產效率的影響越小，建成后資產契合生產的程度越高。

同時，在建工程質量對建成後資產的使用價值影響巨大，一是資產的物理完整性和穩定性，二是建造完成後資產的使用效率。所以，為了確保資產有效運轉，一些大型設備安裝的同時，還會同步培養和訓練操作團隊。

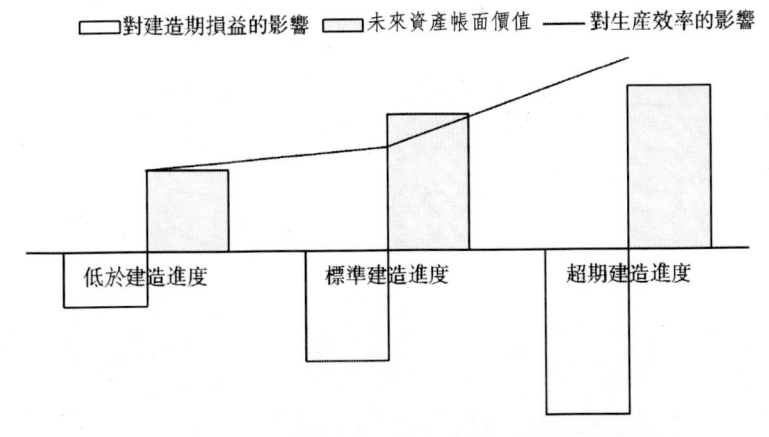

圖 4-48　不同建造進度對損益和資產價值的影響圖

所以，在建工程一旦啟動，建造進度是我們首要關注的內容，在保障質量的前提下，盡快完成項目建設，這也體現了在建工程的管理原則——盡快投入生產營運，及早創造價值。

（3）在建工程影響未來損益，控制風險的抓手是應付帳款。

在建工程歸集的是資產形成前的建造支出，一端連接的是工程物資、人工成本、建造費用等具體內容，另一端連接的是建造完成後的資產內容。在

建工程相關支出，通常作資本化處理，建造完成後以折舊的方式，計入成本、費用，從而影響損益。

相對複雜的核算過程，體現出在建工程較高的經營風險。

舉例來說，房屋建築物的建造過程，必經不同環節的工程審計，審計內容關注施工質量、預算執行和工程進度。雖然工程審計貫穿項目全過程，但仍有說不清、道不明的支出，在完工時點才會被發現。

從風險管控角度出發，我們管控在建工程的具體抓手，是控制與在建項目相關的「負債」內容。我們舉一個極端的例子，在項目建造過程中，公司不支付資金，而是將應支付的內容，計入應付帳款、應付票據或應付職工薪酬。直到工程審計定案後，再根據最終確定的金額支出現金，同時，調整在建工程轉入固定資產的金額。

實務中，公司不可能拖延如此長的帳期，現實的做法是，與施工方（供應商）約定最低付款額，按進度付款，待工程審計定案完成後，再補足尚未支付的施工費、材料款。

所以，我們通過「應付帳款」和「在建工程」的比例關係，可以看出在建項目的風險。

如圖4-49展示的三種情況，在建工程的實際價值（項目審定金額）與已投資額一致時，不存在資產價值高估和現金損失的風險。

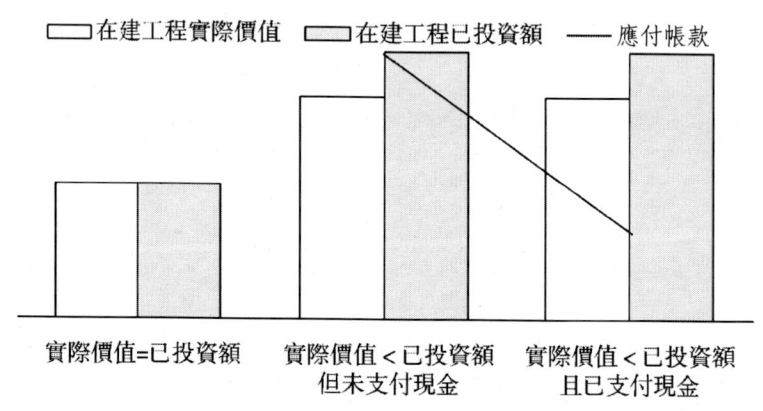

圖4-49 應付帳款對在建項目風險控制的關係圖

如果在建項目的已投資額，超過在建工程的實際價值，就存在價值高估的風險，但要是對應的現金沒有支付，價值高估風險就不會轉化為財務損失，那麼，風險還能被控制和調整。

第四章　告別狹隘，從經營的視角看資產

　　如果在建項目的已投資額對應的資金，已全部或部分支出，那麼資產價值被高估的風險，就在現金流出公司的情況下「坐實」，此時，不論是經營風險還是財務風險，都已成為公司的損失。

　　（4）在建工程的建設過程也是投資與籌資同時進行的過程。

　　在建工程相關的經營活動屬於投資行為，小型資產的建造、改建或大修，公司能通過自有資金解決。但是，一些大型項目的建設，則會涉及籌集資金相關的工作，以保證項目建設的資金供給。

　　所以，籌資產生的借款利息，也是在建工程歸集的內容。對在建項目來說，利息的資本化和費用化的標準很明確，而項目是否需要籌資，以及籌資多少才是關鍵。

　　情況一：自有資金完全無法支撐項目建設時，公司必須籌資。

　　情況二：自有資金部分保證項目資金需求時，又該如何做籌資決策？這種情況，我們分三步完成：第一步，測算自有資金獲利能力（單位資金利潤率）；第二步，比較自有資金利潤率與貸款利率；第三步，按權重計算最佳貸款額（自有資金獲利額減去貸款利息後，結餘數最大時的籌資比例）。不同籌資比例對公司收益的影響見圖4-50。

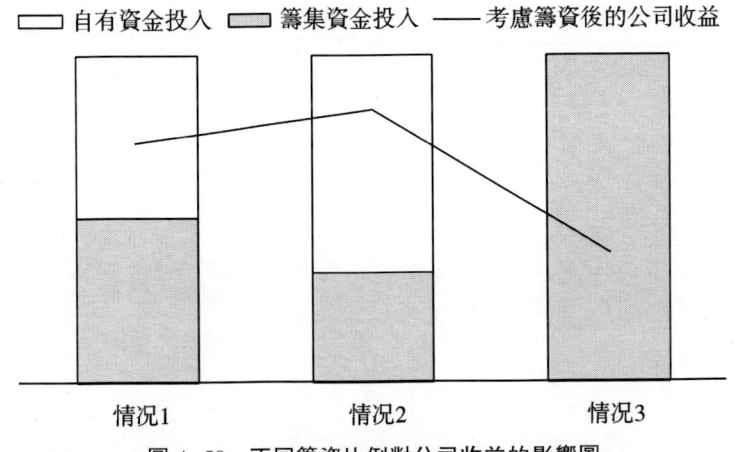

圖4-50　不同籌資比例對公司收益的影響圖

　　比如，公司自有資金100萬元，為在建工程最多可供給30萬元，但在建工程需要50萬元的資金投入。同時，自有資金利潤率為5%，貸款利率3%。那麼，不同的籌資額度，對公司收益的影響如表4-2所示。可以看出，在自有資金利潤率超過籌資利率時，借款投入在建項目是劃算的，如果情況相反，則應擴大在建項目的自有資金投入。

表 4-2　　　　　　不同籌資比例下公司收益的對比圖

項目	自有資金投入額	籌集資金借款額	公司收益
方案一	0 萬元	50 萬元	3.5 萬元
方案二	10 萬元	40 萬元	3.3 萬元
方案三	20 萬元	30 萬元	3.1 萬元
方案四	30 萬元	20 萬元	2.9 萬元

所以，公司啟動在建項目前，會計最重要的工作是確定相應的籌資策略，目的就是以最低的成本，辦最多的事。

「會計叔」：在建工程項目的特殊性，在於專業的建造過程。我們應該從三個方面入手分析：一是項目支出與在建項目的邏輯關係；二是在建工程確認入帳時，是否具備充分、完整的業務依據；三是在建工程轉入固定資產的價值是否合理。

「算盤哥」：以這三點為基礎，再確保相關支出及時入帳，合理確定籌資決策，降低項目建造成本，保證項目時間進度、建造質量和支付內容的準確、合理。

六、長期應收款

長期應收款屬於非流動資產項目，反應的是收款時間超過一年以上的應收債權。那麼，帳齡超過一年的應收帳款，也是長期應收款？

我們不是以「帳齡」區分長期應收款和應收帳款，而是看這兩個資產項目對應經濟活動的內涵。

通常來說，融資租賃和分期收款業務，合同約定在超過一年的時間內分期收款。這種持續時間一年以上，具有融資性質的經濟業務，對應的應收債權才是長期應收款。

我們假設公司簽訂了一個三年期設備租賃合同（經營租賃），假定每年支付 10 萬元的租賃費，三年共計 30 萬元，那麼這 30 萬元是否是長期應收款？

雖然合同約定的支付時間長達三年，但租賃費的基礎是承租方每年續租該設備，且按期履行支付義務，對於每年 10 萬元的租金來說，其本質上還

第四章　告別狹隘，從經營的視角看資產

是一年內的應收債權。

如果公司簽訂的是融資租賃合同，設備交付客戶時，因為主要風險和報酬發生轉移，本質上，是將資產出售給了對方，對應的應收債權包括了資產的「售價」和「未實現融資收益」。這樣的業務，體現了分期付款購買資產並支付利息的本質。對應這種業務的債權才是長期應收款。

所以，長期應收款是包含了融資內涵的應收債權，我們可以從四個方面挖掘長期應收款的業務和財務信息。

（1）長期應收款對應的是特殊經濟內涵的業務。

從核算方式看，長期應收款反應的是經濟業務的「名義收款額」。我們知道，具有融資性質的應收債權，需要將名義收款額折現轉化為實際收款額，這反應出長期應收款對應業務具有融資內容的特徵。

我們知道融資活動，是公司「缺錢」時的行為，但「借錢」並非只能通過銀行貸款、發行債券的方式解決。比如，延遲支付供應商貨款，本質上，就算是向供應商「借錢」，以此類推，凡是占用其他公司資金的行為，都能達到融資的目的，這都屬於廣義的融資活動。長期應收帳款核算的內容，反應的就是銷售方（債權方）向購貨方（債務方）提供融資的經濟實質。

我們看到長期應收款時，第一反應就應該是融資，所以，對應的業務才會涉及名義收款額、實際收款額的說法，我們才需要在各個期間調整「未實現融資收益」，並確認財務收益。

（2）長期應收款的風險不一定高於應收帳款。

一般說來，帳齡越長，債權回收的風險越大。按這個邏輯，長期應收款的回款風險一定高於應收帳款？

不一定。因為帳齡體現的是公司收款的效率，至於能否收回債權，還與客戶的支付能力有關，而長期應收款所代表的經濟業務，本身就有甄別和篩選客戶的功能。

比如，航空公司採用融資租賃的方式「購置」飛機，波音公司向中國國航提供747客機5年（一般是3~10年的租賃時間）的融資租賃業務，在這5年的時間裡，中國國航定期支付等額的租賃款。

理論上，在這5年的回款期內，波音公司確實有債權不能收回的風險，但該風險發生的概率很小。

第一，航空公司本身持續的現金流保證了到期償付的資金；第二，飛機融資租賃通常採用槓桿租賃模式，保險公司、銀行和各類基金，都可能是該

筆融資業務的參與者，對波音公司來說，回款有資金保障且風險被分散。

也就是說，以融資租賃為代表的具有融資性質的業務，在業務階段就甄別了客戶的支付能力，並借助金融工具，保證業務到期回款。

（3）長期應收款是公司擴大產品銷量的重要手段。

我們知道，應收帳款的應用場景是，授予客戶帳期，減輕客戶資金壓力的同時，擴大公司產品銷量。

一般說來，應收帳款對應的是充分競爭市場中的業務，而長期應收款對應的業務有以下特徵：

第一，產品具有明顯的排他性，在功能、市場和客戶中，至少有一樣具有不可取代性；第二，產品的生產者屬於寡頭壟斷，比如商用客機製造商，全世界就那麼幾家；第三，產品定價權基本由生產商決定；第四，該產品是購買方必需的生產工具或生產資料；第五，產品售價極高，不可能全款購買。

一般的，不具備以上五個條件，也就無須通過融資方式購買，自然也就不存在出現長期應收款的可能。而恰恰也是這五個特徵，使得購買這樣的產品時，所需的資金量極大，除非分期付款，否則根本無法購置。

所以，長期應收款具有擴大銷售的功能。

不同的是，長期應收款的核算更複雜。一是長期應收款對應的經濟業務具有融資內容；二是需要按折現率確定實際收款額，並計算「未確認融資收益」對各期損益的影響；三是長期應收款對應的業務，從本質上區別於應收帳款對應的常規銷售業務。

雖然，應收帳款和長期應收款的經營邏輯都是為了擴大銷售，但應收帳款產生的資金成本（被占用資金的收益）由銷售方承擔，而長期應收款則是以「融資費用」的方式轉嫁給了客戶，這是二者在資金角度的最大區別。

「會計叔」：看來長期應收款項目，一定會對應非常規的業務，我們應注意其與普通銷售、建造和服務業務的區別。

「算盤哥」：而且，我們還應關注「折現率」的標準是否合理，每期結轉「未實現融資收益」的計算過程是否準確，並關注長期應收款是否能定期收回等問題。

第八節　商譽、生產性生物資產

一、商譽

商譽，是指公司預期獲利能力超過可辨認資產正常獲利能力的資本化價值。這是商譽的定義，基本上，我們看到就昏掉了，因為定義裡的每一項內容，都需要不同行業的專業判斷。

第一，「可辨認資產」指的是資產負債表中反應的「資產」，還是真實用於經營活動的資產？第二，對不同公司來說，「正常獲利能力」的評價標準不同，即使同一個公司，在不同發展階段，「正常獲利能力」也是不斷變化的。第三，「資本化價值」需要考慮資本化率、資本化期間以及每期資本化的基數，這些又是需要專業判斷的內容。

可以說，根據商譽的定義進行實務操作的難度相當大，我們唯一能抓的關鍵是「可辨認資產」和「超越正常獲利能力」。以此我們將商譽視為看不見、摸不著，但又時刻影響經營的「資產」，這樣的「資產」可能是品牌影響力、可能是營運能力、也可能是卓越的管理團隊，總之，不是通常意義的、有形的、經濟價值獨立存在的資產。

不論「外購」還是「自創」產生的商譽，都是基於超過正常獲利能力而產生的。所以，商譽也是公司盈利能力的綜合評價指標，有形的資產和產品、無形的管理和服務，都可能通過商譽價值的變化體現出來。

所以，我們挖掘商譽的會計信息時，要從公司整體的高度入手。

（1）商譽比無形資產更「無形」，商譽的確認和計量是個難點。

商譽最早是商業詞彙，19世紀晚期開始運用於會計領域，通常是在產權交易時，記錄和反應公允價值與帳面價值之間的差額。顯然，商譽並非來自會計理論；其次，商譽的計量與資產的公允價值有關；最后，商譽在股權交易過程中體現出來。

常見的情況是，在非同一控制下的企業合併中，合併成本超過可辨認淨資產的部分，就單獨反應為商譽。而在吸收合併中，商譽價值包含在長期股權投資成本中，只在合併報表時才反應出來。

會計準則對商譽的確認和計量有明確的規定，準確地說，應該是「外購」商譽的確認和計量規則是明確的。目前的會計準則，對自制商譽是不確認的——因為無法確認。

舉例來說，某公司經營業績領先於其他同業公司，可能有三個原因：一是產品質量好、品牌影響力大；二是營運效率高；三是管理能力強。然而，在歷史成本法下，我們無法通過資產價值的變化反應以上內容。

即使我們採用公允價值或其他計量方式，試圖突破計量方式的限制，但如何找到與商譽相關的業務和財務信息，並以普遍認可的標準確認和記錄資產的價值，仍是充滿爭議的問題。

所以，在股權交易時，我們將無法歸屬於具體資產項目的「超額價值」確認為商譽，商譽在這時才體現為「資產」。股權交易中的「投資溢價」被確認為商譽，避開了如何計量的麻煩，但如何認定自制商譽的價值，仍是未解決的問題。

如圖 4-51 所示，一些基於互聯網創業的公司，按傳統的資產價值評價標準，都是「輕資產」的小公司，但要是考慮了未來盈利能力，這些公司的可能性遠超傳統行業內的大公司。

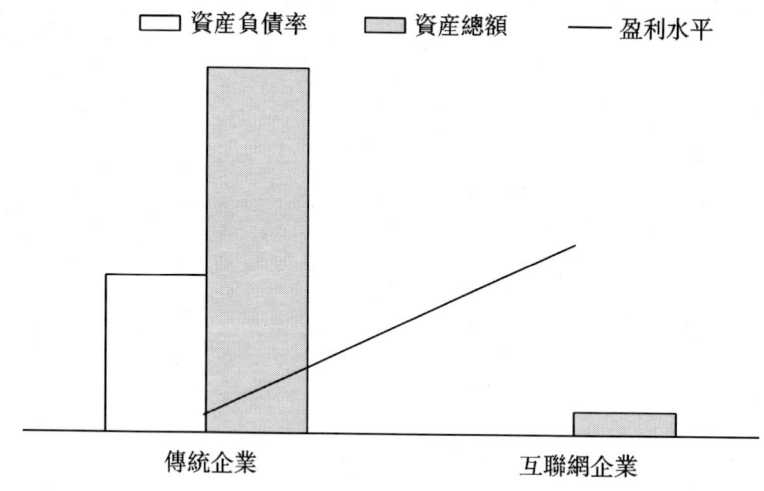

圖 4-51　互聯網企業與傳統企業資產、負債和盈利水平的比較圖

但我們缺乏對商譽價值計量的方法，無法反應這些「公司」的資產價值，使其很難取得債務類融資。所以，這就是為什麼創新創業類的公司，常常是以股權的方式取得融資（風險投資或在創業板上市）。

（2）商譽看起來很「虛」，其實很實在。

通常情況下，老板最關心資金資產，因為資金是公司經營的「血液」，同時，老板也關注各類實物資產，因為實物資產是生產的工具、原材料和經營成果。但老板很少關注，無法衡量價值的「資產」，倒不是不願關注，而是找不到定量評價的標準。

我們知道，商譽能給企業帶來「超額利潤」，但商譽價值難以衡量，無法直觀地感知。那麼，問題來了——公司是否願意為了提高看不見的商譽的價值，而購買高品質的原材料，增加管理成本，以提升交付質量和品牌的影響力？同時，在這個過程中，公司當期業績很可能因為成本上升而降低。而且，即使做了上面這些工作，商譽價值也不一定能如期提升。

換句話說，公司敢不敢冒風險，用現在的收益換未來的預期？這應該是公司最難判斷的選擇題了。

通常，大部分公司選擇放棄，那些沒放棄的，都成了百年老字號。有朋友會說，「老字號」們當年不一定比同行們掙得多，有什麼意義？

意義在於時過境遷，同行沒了，「老字號」還活著。

商譽在經營中的作用之一，就是抗風險，就算沒有在當期創造超額的利潤，卻可能是公司扛過風險的「最后一根稻草」。

商譽除了能讓企業基業長青，還能降低經營活動的交易成本。因為誰都願意和有信用、有實力的公司交易——商譽體現的就是公司的「人品」。

好比我們身邊的一類人，他們善於發現商機，但錢少、沒人、缺產品，可沒過多久，班底搭好了、產品有了、業務開展起來了。我們抱以羨慕的眼光，認為這樣的人運氣好、善交際、會來事。

這些算是成功的要素，但不是根本。根本在於這個人的商譽為其提供了信用保證，投資方、合作夥伴不需要考察經營實力、不需要盡職調查、不需要風險保證金，商譽就是最好的保證。

個人的商譽靠的是日積月累信守承諾，敢於擔當的勇氣與實力。公司累積商譽的過程則更複雜，需要經年累月地打造管理團隊，提升營運能力，持續不斷地創新，並堅守產品的質量和服務的水準，即使生意會虧，仍按合同履約，即使增加成本也要保證產品交付。

商譽的價值越高，生意越容易做，關鍵時候，還能抗風險，渡過市場萎縮的難關，這比賺了多少錢，擁有多少實物資產更實在。

最不好計量的商譽，或許是公司最寶貴的資產。

（3）商譽是「慢熱快冷」型資產，珍貴又脆弱。

一般說來，資產使用價值和經濟價值的評價標準越明確，越利於資產的定價。所以，廣泛存在於公開市場中的資產，更容易定價，定價標準也更合理。但這一規律對商譽不適用，因為商譽依附於其他資產而存在，與公司營運能力和盈利能力密切相關，即使其他資產項目能準確定價，也不能因此就確定出商譽的價值。

換言之，商譽不會獨立存在，所以，無法單獨計量、單獨交易。

舉例來說，我們收購兩家資產相同的餐館，前者默默無聞，但后者牌子響、影響大。在其他條件一致的情況下，后者的收購價一定高於前者。

因為我們要為品牌影響力付費。

然而問題在於，我們為商譽多支付的費用（收購溢價），一定能創造超額利潤麼？

這可不一定。因為，通過收購取得的商譽，只代表公司具備了獲取超額利潤的可能。從這個角度看，如果公司不能維繫餐館的品牌價值，倒不如收購沒有商譽的餐館，雖然沒有獲取超額利潤的可能，但也不會承擔過高的收購對價。

商譽除了影響收購價格，其本身就是使用難度極高的資產，在「使用過程」中有明顯的排他性。比如，普通轎車是人人都能操作的，但要是特種作業車輛，那一定是非專業人員絕無法使用的。以此類推，公司存在各種複雜的資產，有些甚至複雜到公司也難以駕馭。

商譽就屬於難以駕馭的資產。

更關鍵的是，普通的資產「玩」不好，頂多不創造價值，但商譽要是「玩」不好，就會迅速貶值。舉例來說，公司收購了某品牌，除非能保持該品牌的品質，否則，通過品牌表現出的商譽價值，就會不斷衰減。

對商譽來說，不僅得「玩」，還必須「玩」好，要是沒幾下就給「玩」壞了，幾千萬上億的收購款，就會打了水漂，交了「學費」。

所以，公司收購內容涉及商譽時，我們要自問三個問題：第一，如果沒有商譽，公司收購項目能否創造預期的收益？第二，如果自創同樣的商譽，花費的成本相對於收購來說孰高孰低？第三，外購的商譽，會不會水土不服，公司能否「玩」得轉？

第四章　告別狹隘，從經營的視角看資產

「會計叔」：這麼看來，商譽的「人格化」特徵非常明顯。企業的競爭力，往往就蘊含在這些不能物化的資產項目中，我們不能單從經濟指標評價。

「算盤哥」：這些無法物化的資產，是公司高於行業平均盈利能力的外在表現，不論是通過外購取得的商譽，還是自創獲得的商譽，公司都能通過其獲取超額利潤。

二、生產性生物資產

生產性生物資產是種植業、畜牧業企業常見的資產項目，生產性生物資產的應用領域特殊，核算方式也很特別，屬於小眾的資產項目。不僅如此，生產性生物資產的內涵多、結構複雜——植物和動物有區別、禽類和畜類有區別、以肉為產品和以奶為產品的畜類也有區別……總之，生產性生物資產是特殊的、個性化的資產項目。

（1）生產性生物資產以生長階段劃分確定資本化和費用化的標準。

我們若是將生產性生物資產，視為具有生命的「固定資產」，那麼，培育階段就屬於「在建工程」期間，當生物資產達到可「生產」的狀態時（果樹結果、綿羊出毛），就確認為生產性生物資產。

所以，與生產性生物資產相關的支出，存在資本化和費用化的問題。簡單地說，靠人工養殖才能存活的階段（生長期），全部資本化處理；靠自然生長即可存活的階段（成長期），既有費用化也有資本化的處理；進入穩定生產階段后（成熟期），則全部費用化處理。

如圖4-52所示，在生物資產生命週期的「兩端」，嬰幼兒階段的支出做資本化處理，成人階段做費用化處理。青年階段則是攤銷前期資本化支出（費用化）的同時，當期支出再資本化處理。

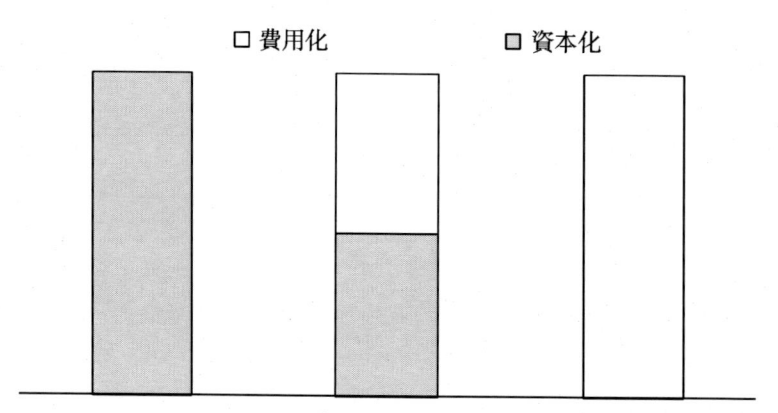

圖 4-52　生產性生物資產不同階段資本化和費用化對比圖

生產性生物資產的特殊之處，就在於「青年階段」支出的處理方式，一方面按折舊年限攤銷前期資本化的支出；另一方面，新增支出部分繼續資本化。這意味著，進入成長期的生物資產，每年都會重新調整攤銷計提基數和折舊年限。

所以，真正的難點，在於如何認定生物資產所處生命週期的階段。

一般來講，類別確定的生物資產，生命週期的界定標準是確定的，其作用是為了統一標準、避免爭議。比如，統一規定 14~16 月齡階段是奶牛的生長期，17~24 月齡階段則是成長期，這樣就不能因為有的奶牛長得快，就提前確認生長週期，有的奶牛長得慢，就延遲確認。

除了統一標準，生命週期劃分的時間，還為生物資產的折舊年限提供了基礎，比如，林木類生物資產的折舊年限是十年，畜類是三年。從生產的角度理解，林木至少需要十年，畜類至少三年的時間，才能持續產出農業產品。

然而，真正決定生物資產生命週期的基礎，並非是人為制定的標準，而是該生物能存活的時間。

（2）生產性生物資產實際可使用年限取決於生物資產的生命力。

對生產性生物資產來說，如果它死了——那麼就真的沒了。所以，會計準則規定的生產性生物資產的折舊年限、生產期都是經驗值，或者說是個預期，到底能否實現，與生物資產本身的生命力密切相關。

這正是生產性生物資產區別於其他資產最顯著的特徵，而生物資產存活時間的長短，經常受一些小概率事件的影響。如此一來，生產性生物資產，很可能出現支出還沒來得及費用化，在資本化階段就結束的情況。

第四章 告別狹隘，從經營的視角看資產

這也是為什麼農業生產企業高度關注養殖環境，必須構建嚴密的監控體系，嚴防死守可能導致大規模疫情風險的原因。

很簡單，只是為了活得更長。因此，讓生物資產能盡量長時間存活，是生物資產管理中最重要的內容。所以，當我們看到報表中，存在金額巨大的生產性生物資產，除了考慮其未來盈利的預期，更要考慮巨額損失的風險。

（3）公允價值計量更適合生產性生物資產。

目前，我們以歷史成本法計量生產性生物資產。

我們知道，資產物理形態的存在是經濟價值存在的基礎，會計信息通過計量經濟價值的變化，反應資產物理形態和使用功能的變化。但生物資產的物理形態是波動且變化的，以歷史成本法計量，顯然缺乏穩定的物質基礎。所以，生物資產的物質存在特性，決定了公允價值的計量方式，更適合反應生產性生物資產的經濟價值。

在國內南部地區種植荔枝的成本，一定低於北方地區。但是，在歷史成本法下，因為北方地區的種植成本更高，所以，北方荔枝樹通過生產性生物資產反應出的帳面價值，很可能高於南方荔枝樹的帳面價值，如圖4-53所示。

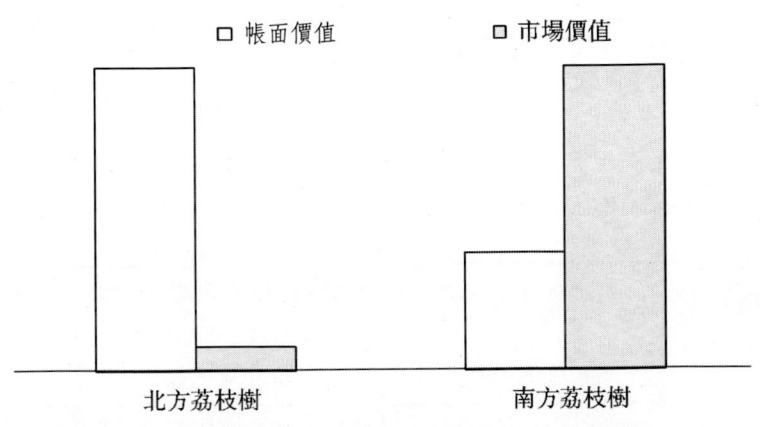

圖4-53 北方荔枝樹和南方荔枝樹帳面價值、市場價值對比圖

但帳面價值不等於市場價值、經濟價值或使用價值，北方完全不適合種植荔枝，就算千辛萬苦種植成功（活了下來），到了成熟期，既不開花也不結果，除了砍柴燒，實在沒多大用處。

請問，若是按照公允價值計量的方式評價該生物資產，北方的這幾棵荔枝樹價值幾何？

很不幸，約等於零。

所以，公允價值才能客觀反應生產性生物資產的「現時」價值，況且，作為付出不一定有回報的資產，用歷史成本法計量生產性生物資產，確實不太合適。

當然，有朋友說，公允價值計量下的生產性生物資產，將失去統一的評價標準。這看起來是個問題，實際上，直指生物資產的價值特性，因為，資產價值的最佳評價標準，就是來自市場。

縱使公允價值千般好，但目前還沒有廣泛地應用，關鍵在於沒有統一的生產性生物資產交易市場，缺乏普遍適用的定價標準。鑒於此，我們還得繼續使用歷史成本法計量資產價值。

（4）在實務中，應更多地從風險角度審視生產性生物資產。

所有的資產項目，都需要從風險的角度審視，無非是有的資產風險因素更多，或是風險結構更複雜。生產性生物資產，正好是二者兼具——風險因素多，結構也複雜。

如果生產性生物資產在資產中的占比較高，且逐年增長，至少反應出兩點：第一，公司農業相關的業務規模在不斷擴大；第二，風險與日俱增，將來的損失可能也很大。

原因就在於生物資產的營利性，由其自身的生命力決定，快速增長的資產餘額，只是反應了該生物資產養殖成本的投入增加，至於能創造多少收益，完全是個未知數。

所以，我們關注生產性生物資產的關鍵，是判定資產相關的風險，此後再是，考慮資產的價值和未來的盈利能力。

「會計叔」：只要抓住生產性生物資產「生命力」這個核心，就能看出上述四個方面的內容，而公允價值計量的思路，確實有利於我們重新認識生物資產的價值變化。

「算盤哥」：像這類特殊的資產項目，只看會計信息，很難準確地解讀，對報表使用者來說，不具備一定的種植業、畜牧業相關的常識，很容易陷入一頭霧水的困境。

第五章
告別狹隘，從經營的視角看負債

第一節　短期借款、其他應付款

「會計叔」：要解讀負債項目的會計信息，我們仍然沿用從經營視角切入的思路進行。

「算盤哥」：是的，接下來的內容，我們還是從經營的角度，解讀負債項目的會計信息，繼續挖掘更有意思的內容。

　　負債，是在過去交易或事項中形成的，預期會導致經濟利益流出企業的現時義務。

　　我們從定義可以看出關於負債的三個要點，一是負債是在過去的交易和事項中形成的，正在發生的和將來才會發生的交易或事項，可能導致的推定義務，都不屬於負債。特殊的是，未來償付義務發生的可能性基本確定，且具有充分證據證明時，也會形成「預計負債」。

　　二是清償負債預期會導致經濟利益流出企業。企業通常以現金或其他資產償付債務，但並非所有的債務償付都會導致經濟利益的淨流出。例如，債務重組時，債權方免除債務方清償義務時，就有可能不會導致經濟利益的淨流出。

　　三是經濟利益流出的金額能可靠地計量。一般說來，與法定義務相關的

經濟利益，可以根據合同、協議或法律規定，確定具體的支付金額。而與推定義務有關的經濟利益流出，則要根據償付義務，測算支付的最佳估計數，比如，預計負債就是根據推定義務預測的負債。

我們知道了負債的會計定義，再從經營的視角理解負債就簡單多了，二者最大的區別在於，確認負債內容和金額的方式不同。換句話說，會計視角下的負債是有確鑿證據的「確定內容」，但在經營活動中，我們更多從生意的角度「預測」負債，這就引出了經營視角下的「負債觀」：

①負債是利用他人資源完成經營活動的「生產要素」。
②負債涉及與經營活動相關的所有內容。
③負債的風險是到期不能償付，更大的風險是無法取得新的負債。
④通過控制償付債務的速度，可以籌集日常經營所需的資金。

站在經營的角度看負債，負債是公司經營的「生產要素」，從這個角度出發，我們可以挖掘不同負債項目的經營特質和經濟內涵。

一、短期借款

短期借款是指為日常經營活動，借入的一年以內（含一年）的債務資金，包括經營週轉借款、臨時借款、結算借款、票據貼現借款和預購定金借款等形式。

短期借款的核算簡單，在借款和還款時分別借、貸短期借款和銀行存款，並定期計算借款利息計入財務費用。核算雖然簡單，但經營內涵卻很豐富，我們可以挖掘短期借款四個方面的內容。

（1）短期借款決策要同時考量「風險」和「機遇」。

一說借錢，我們首先想到的是缺錢，但「缺錢」的信息本身沒有價值，缺錢的原因才是關鍵。比如，經營停滯時的資金短缺，和業務規模擴張形成的資金短缺，是完全不同的兩個概念。

不論什麼原因造成資金短缺，有一點是確定的——缺錢的公司通常是愛「折騰」的公司。

愛折騰的公司一般是非常規發展的公司。

非常規發展的公司既面臨風險也存在機遇。

為了判斷「短期借款」是風險提示因素，還是公司面臨的機遇，我們可以結合四個內容具體分析：一是新增合同額；二是公司對供應商的付款政策；三是應收帳款變化；四是業務結構調整。

第五章 告別狹隘，從經營的視角看負債

如圖 5-1 所示，通過對比同期（或滾動）新增合同額，可以看出公司業務規模的變化。一般說來，業務快速增長，資金需求必然旺盛，如果短期借款的增長是受新增合同增長驅動（情況 2），那麼，短期借款的增長就是良性的。否則，我們就要從其他因素落實短期借款增長的原因（情況 1）。

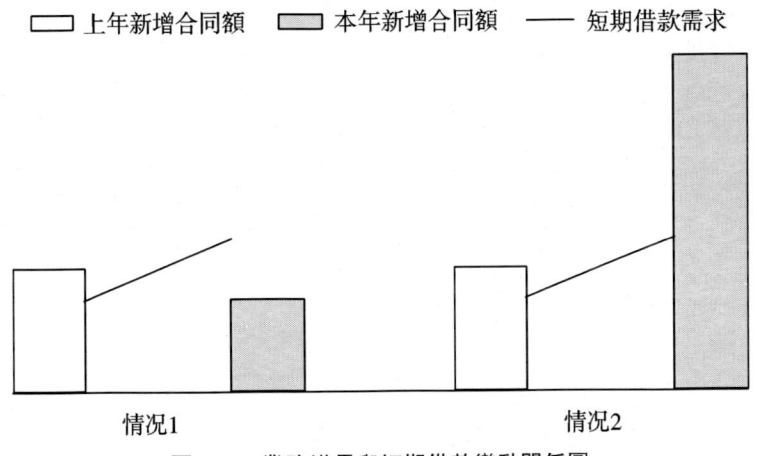

圖 5-1　業務增長與短期借款變動關係圖

公司對供應商的付款政策，直接影響公司資金情況。如圖 5-2 中的三種情況：現款現貨、先款后貨或先貨后款，不同付款方式下的資金運行情況完全不同。如果是付款政策的改變，造成了短期借款增長，很可能是風險提示的信號，公司的付款政策取決於供應商的收款政策，如果不是進入新市場、開立新業務，公司付款政策（供應商收款政策）通常是穩定不變的。

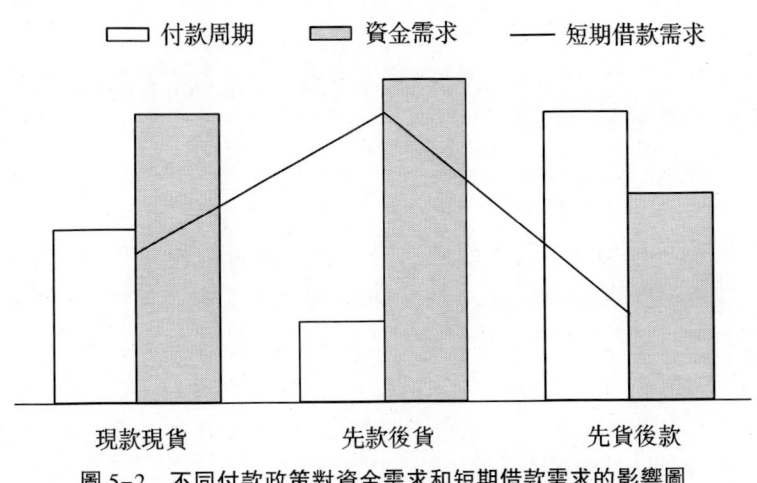

圖 5-2　不同付款政策對資金需求和短期借款需求的影響圖

除了付款政策,「應收帳款」也是短期借款的重要影響因素,我們對比應收帳款占收比,可以看出回款效率對資金的影響。

同樣的邏輯,我們選擇針對性更強的「當期新增應收帳款」和「當期應收帳款回款額」兩個指標,如圖5-3中的這兩項指標的同比變化。我們可以看出,賒銷收入的增長和債權回款不力,共同造成了資金短缺,並進一步推高了短期借款的需求。

一般來說,從不同資產、負債項目對資金影響的角度出發,我們分析短期借款時,首先要關注的資產項目就是應收帳款,這也是很多企業資金短缺,需要短期借款的原因,甚至是主要原因。

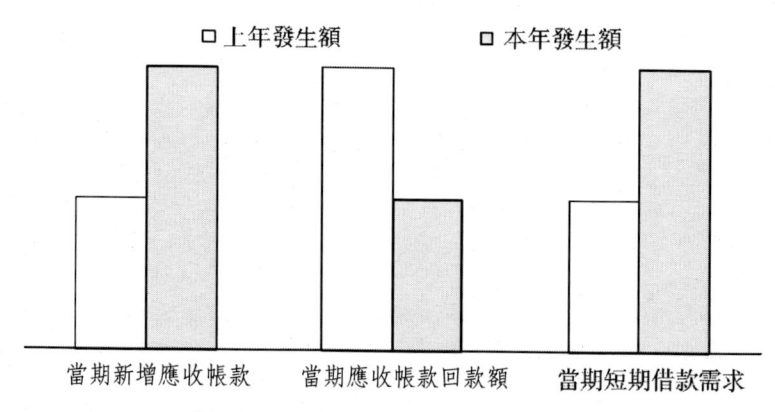

圖5-3 應收帳款對短期借款的影響圖

除了上述三個因素,公司業務結構調整也會影響短期借款,這一因素通常是風險與機遇並存的情況。比如,公司以前主營商品零售業務,以現貨現款的方式交易,同時,公司付款政策穩定不變,自然沒有資金缺口的問題。

如果公司轉型開展大宗貿易業務(比如帶有採購功能的第三方物流服務),業務墊資是不可避免的,公司就需要短期借款補充資金。

(2)短期借款是評價公司「玩資金」能力的重要指標。

我們假想一種可能,公司沒有自有資金,能否開展業務做生意?理論上,只要供應商願意提供帳期,同時,產品銷售渠道是現成的,而業務週轉率又在應付款帳期內,「空手套白狼」的生意就能實現。

處於充分競爭市場中的公司,已沒有可能再做這樣的生意。比較現實的是,投入部分自有資金,再通過貸款籌集部分債務資金,補充公司的流動性,以保證經營活動的資金供給。

第五章　告別狹隘，從經營的視角看負債

自有資金和貸款資金的比例，取決於我們如何判斷借款額。通常來說，只要業務盈利水平與貸款利率持平，到期能償還本金（包括借新債還舊債的方式），短期借款的方案就是可行的。

當然，短期借款一般是補充公司應急性的資金需求，將短期借款作為營運資金的主要來源並長期使用，實際上，就將銀行變為了公司的股東，以利息的方式向銀行分配利潤。

長期以短期借款作為營運資金的做法，很少出現在大型公司。第一，大型公司資金需求量大，短期借款不一定能保證其資金需求；第二，大型公司融資途徑廣、融資工具多、融資成本低，短期借款方式並非最優選擇；第三，短期借款方式讓公司承擔更多的財務成本。

但短期借款對小微企業的誘惑很大。首先，融資途徑少，能借到錢已實屬不易；其次，如圖 5-4 所展示的情況，用別人的錢補充營運資金，即使放棄部分收益，也是劃算的買賣。

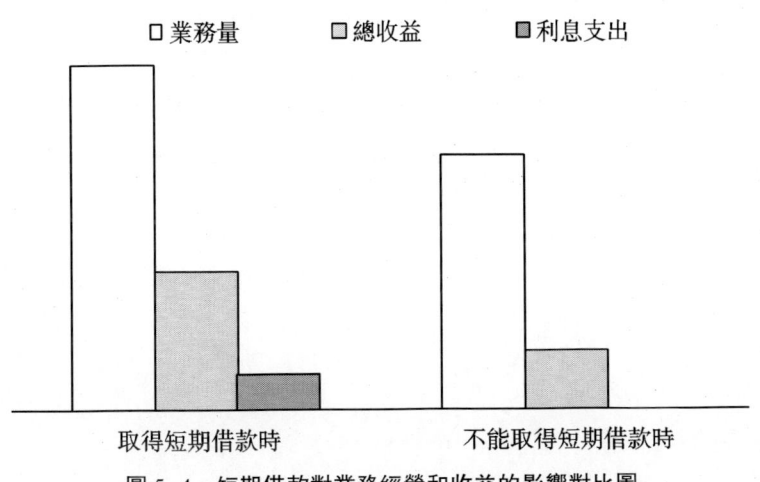

圖 5-4　短期借款對業務經營和收益的影響對比圖

如果公司按期償付債務利息，並在還款時點再次貸款，如此循環往復、持續不斷地運用短期貸款，營運資金可以完全來自短期借款。雖然，這樣「極致」的情況很難做到，但一定比例地擴大短期借款在營運資金中的占比是可以做到的。

所以，我們根據短期借款的運行情況，可以評價公司「玩資金」的能力（資金運作能力）。

177

（3）短期借款本身就是增強融資信用度的工具。

公司缺錢的時候需要貸款，不缺錢的時候需要貸款麼？

大家一定覺得這是傻子才會問的問題，不缺錢，借錢干啥？現實中，還真有公司不缺錢的時候借錢。這是公司幫銀行完成貸款任務？當然不是，用這種方式完成貸款任務的可能性不大。

真正的原因是為了累積「信用額度」，搞好銀企關係。

我們個人使用信用卡時，若能按期還款，銀行根據還款記錄，判斷這是具備還款能力的優質客戶，就會主動提高信用卡額度。

對公司客戶來說也是這個道理，按時支付利息、到期還本，在銀行的信用記錄中就是優質客戶。

「嫌貧愛富」是資本的天性，公司越有錢，銀行越想貸款給公司，但我們往往是缺錢了才會貸款，這時的審批流程會非常嚴格，如果遇到不良信貸記錄，那就徹底沒希望了。

短期借款好比是公司的「信用卡」，完全不用是一種浪費。公司在不缺錢的時候貸款，借款利息雖然會「消耗」公司收益，但有利於提高信用額度，將來貸款時能及時籌集資金，幫助公司渡過難關，避免資金短缺而不能開展業務的風險。

（4）短期借款的替代內容可能是流動負債中的任何項目。

不同流動負債項目的內涵相互區別，具體包括：債務來源不同、風險特徵不同、資金成本不同、償付方式不同，但有一點是相同的——都是占用「別人」的資金。

既然都是占用別人的資金，其他類型的流動負債項目能否代替短期借款？

這個問題，不用我們作答。在實務中，不論是刻意為之，還是無意之舉，所有的公司都做過這樣的事。換言之，只要資產負債表中，存在其他類型的流動負債，從資金替代關係看，就已經取代短期借款補充了公司營運資金。

明白了這個道理，我們就可以計算其他類型的流動負債，在多大程度上替代了短期借款。如圖 5-5 所示，我們以現在的貨幣資金余額償付全部流動負債，資金缺口部分就是目前「被替代」的短期借款。如果我們償付全部流動負債后的資金缺口，再加上營運資金需求，就是「被替代」的短期借款的最高貸款額。

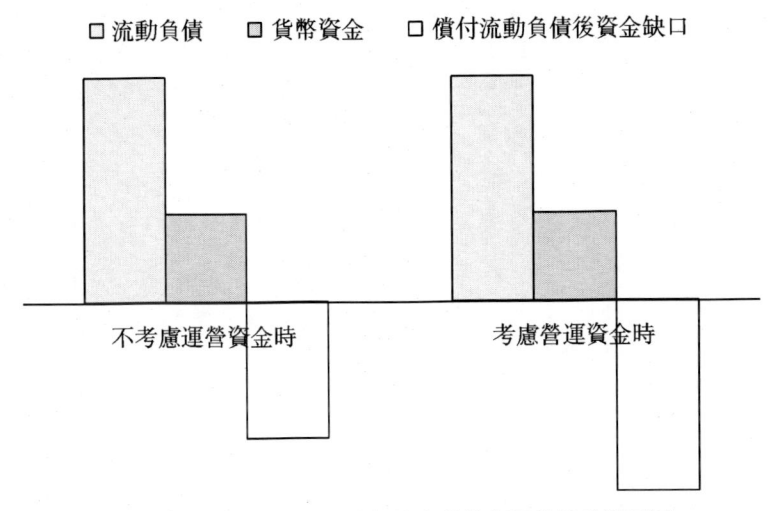

第五章　告別狹隘，從經營的視角看負債

□ 流動負債　　□ 貨幣資金　　□ 償付流動負債後資金缺口

不考慮運營資金時　　考慮營運資金時

圖 5-5　短期借款與流動負債中其他項目的替代關係圖

具備了兩種情況下的資金缺口數據，就可以看出，其他類型的流動負債項目，在多大程度上，替代短期借款補充了營運資金。

「算盤哥」：短期借款通常被認定為公司資金不足時的風險預警項目，我們換個思路，從運用短期借款支撐經營的角度入手，我們就有了全新的認識。

「會計叔」：當我們把短期借款看作是「資金運作」的內容時，就具有了經營的思維，「不拒絕」「不依賴」的貸款觀念有助於我們在經營過程中「玩轉」短期借款。

二、其他應付款

其他應付款反應的是與經營活動非直接相關的應付或暫收款，包括投標保證金、員工承擔的保險和公積金、代收代付業務相關資金等內容。其他應付款的重點在於核算的對象，以及具體的明細內容，下文將從三個方面把握其他應付款相關的內容。

（1）其他應付款一定要明細到項目，落實到具體業務。

其他應付款歸集的內容，很多是暫收款和代收代付性質的款項，這類業

務的特徵是金額小、內容多樣且對象分散。

基於以上特徵，管理其他應付款的關鍵就是——「細」。而且越細越好，詳細到內容、項目、客商、帳期，所有環節都要一目了然，某些重點款項，還應定期核對，不論是公司內部部門，還是外部單位。

除了日常管理，更重要的是，轉變其他應付款的管理思維。

我們通常對債權的關注度高於債務，我們總是記得別人欠我們多少錢，而我們欠別人錢的時候，往往是「找上門再說」的態度。撇開商業倫理的考量，這種債務管理的觀念，其實蘊含了極大的風險。

因為其他應付款反應的是，與經營活動非直接相關的債務內容（並非不相關），如果其他應付款出現異常，對應的經營活動出問題的可能性非常大。

特別是一些超期的其他應付款項目，更應高度關注，雖然其他應付款核算內容的金額不大，與經營活動「距離」較遠，內容繁雜瑣碎，卻是挖掘公司經營、管理內容的重要抓手，也是發現風險的途徑。

要用好這個工具，就需要我們及時、準確地記錄其他應付款明細內容，並對應具體的業務內容。

(2) 長期「休眠」的其他應付款很可能是經營活動的風險提示。

我們清理其他應付款時，可能發現一些「休眠」的其他應付款，其特徵是超過正常支付時點的時間較長。

突然出現這樣的其他應付款，我們難免驚喜，很可能是對方「忘記」來收錢，說不定還是我們的一筆意外之財。

這些看似「驚喜」的應付債務，到最後，很可能沒有喜，只有驚。

比如，公司出租房屋收取的租房保證金，租賃截止日后（半年以上），對方仍未要求退款，有可能是承租方忘了保證金這事；也可能是房租未結清，承租方直接放棄保證金；還可能是房屋轉租給第三方，原承租方怕露餡不敢收回保證金。總之，有各種各樣的可能，但第一種可能性最小，因為誰都不會忘記別人欠自己的錢，哪怕是「小錢」。

所以，我們建議各位朋友，定期清理其他應付款，跟蹤到期應支付但尚未支付的款項，通過查明未支付的原因，抓住經營活動中存在的風險，特別是與工程項目相關的其他應付款內容。

舉例來說，公司將在建工程委託外部單位實施，外部單位向公司繳納工程履約保證金（公司反應為其他應付款），項目完成后，該單位却遲遲不來申請退還保證金。遇到這種情況，我們若是認為對方忘記了，只能說，我們

第五章　告別狹隘，從經營的視角看負債

太天真。

不要求退還保證金，很可能是在建工程項目出了問題。

比如，工程施工費結算超支，或者施工質量不達標。而申請退還保證金的前提是工程項目經過最終驗收，如果在最終驗收過程中發現這些問題，施工方不僅收不到保證金，還要退還多收的工程費，或是補修未達標的工程內容。

所以，施工方不會要求退還保證金，是怕因小失大！

鑒於此，我們看到長期「休眠」的其他應付款，應該是擔憂多過喜悅，通常來說，這種情況蘊含的風險一定大過收益，面對這種情況時，我們更應發揮會計謹慎性的職業素養。

(3) 其他應付款項目與應收債權項目對接可以挖掘更多內容。

其他應付款需要與應收債權項目（其他應收款）相互對接，針對的是「代收代付」性質的業務。

「代收代付」業務，通常會出現「三角」往來關係。公司先收取資金，再支付第三方，或是先支付第三方，再向客戶收取相應的資金。「代收代付」業務的盈利模式，是通過墊付資金的方式代客戶履行支付義務後，再收取一定比例的服務費。

一般來講，這類業務風險較高，一是需要從多個對象收取資金，業務過程複雜；二是資金在收款和支付兩個環節可能遊離在公司之外，資金管理的難度較大；三是向客戶收款的保證力有限，存在資金無法按時收回的風險。

「代收代付」業務的核算內容，一定涉及其他應付款、其他應收款，而我們管理「代收代付」業務，就是通過這兩個項目實現的。具體到其他應付款，我們要關注向客戶收取資金後，向第三方支付資金的環節，確保及時足額支付，同時定期清理其他應收款，核查是否足額、按時收回墊付的資金。

「算盤哥」：其他應付款管控的關鍵詞就是「精細化」，從客商到項目，再從業務到帳齡，每一步都涉及會計的基礎工作。

「會計叔」：很多財務管理的方法，其內涵並不高深，就是老老實實地做好基礎工作，自然就能獲得出乎意料的效果。

第二節　應付帳款和應付票據

「會計叔」：應付帳款和應付票據算得上流動負債中「大哥」級別的項目，我們要從核算、管理和經營三個角度同時入手，才能解讀清晰、描述完整。

「算盤哥」：的確如此，不論是資產項目還是負債項目，與經營活動的關聯度越高，其內容就會更多、結構也更複雜，同時，也有更多挖掘的空間和內容。

應付帳款和應付票據是流動負債中最重要的項目，金額大、結構複雜、與業務關係密切，雖然核算難度不高，但經濟內涵豐富，我們至少可以看出七個方面相關的信息。

（1）應付帳款產生於經濟活動，實際上是個「政治」問題。

我們對應付帳款最直接的理解，是公司應該付錢但沒錢可付，需要將來償付的債務。所以，我們要關注兩方面的內容，一是什麼樣的業務可以拖延付款，二是延遲付款的最長時間是多久。要說清這兩個問題，還得從對方的角度思考，假如我們是供應商，什麼情況下願意延遲收款，並且能容忍多長時間的帳期。

首先要看我們在對方公司業務中所占的權重，比例越高，在對方公司看來就越重要，自然能取得更多的「應付帳款」和更長時間的帳期。

其次如果我們不是對方公司的重要客戶，那就與單次採購的業務量有關，如果金額夠大，在對方看來「用帳期換業務量」是劃算的，我們也能取得大額的應付帳款。

最後是雙方的合作關係，如果我們是長期合作的客戶，而且我們能足額、穩定地向對方支付貨款，那麼，一定金額和一定帳期的「應付帳款」本身就是合作的一部分。

所以，通過應付帳款，可以看出公司的行業地位。特別是獨占市場資源（客戶端）的公司，其強大的產業控制力，使其對應付帳款擁有十足的話語

權。比如，一些壟斷企業可以占用供應商的資金開展經營活動，而在完全競爭行業中，資源相對均衡地分佈，很少有公司可以長期占用對方資金。

比如，在石油化工、通信網路、金融保險行業中，為這些企業提供專屬設備、商品和服務的供應商，在回款環節的話語權相對較弱。大公司容易拖欠付款，靠的就是其強大的市場控制力，在貿易行業，大型商超能占用供應商資金，也是基於同樣的原理。

對供應商來說，在失去業務和損失資金利息的兩難選擇中，后者的損失更小，就算長期墊資會損失資金收益，也不願失去商業機會。

說到底，應付帳款更像是個「政治」問題，公司擁有多大規模的應付帳款，應付帳期可以放大到多長，受行業地位的影響太大。所以，我們解讀應付帳款時，一是要關注過高的應付帳款，對未來資金構成的壓力；二是要通過應付帳款的變化，看出公司行業地位的變化。

（2）應付帳款的最高狀態是沒有自有資金也能維持經營活動。

我們通過占用供應商貨款，可以實現「借骨熬油」的資金運作。

如圖5-6展示的情況，只要公司業務和財務配合恰當，採購部門能取得足夠長的應付帳款帳期，並將「採購-生產-交付-回款」整個週期，控制在應付帳款的帳期內。我們就能通過「借用」供應商的資金，完成經營活動。

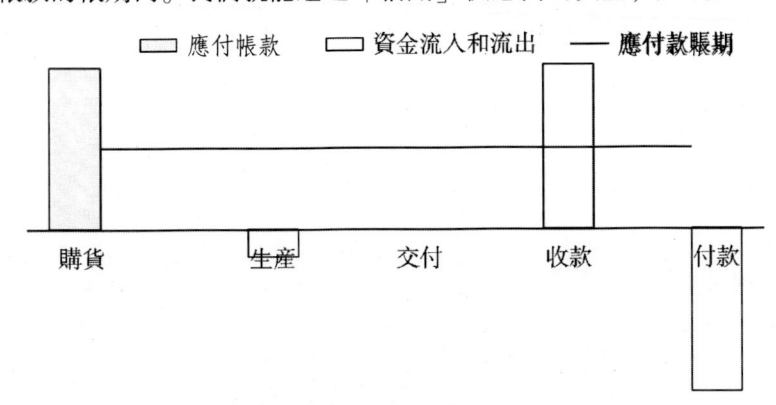

圖5-6 應付帳款帳期內完成經營活動的示意圖

雖然不投一分錢就能做生意有點「紙上談兵」的意思，但運用應付帳款降低自有資金的投入，却是我們資金管理的一個思路。

這當然也是財務經理最該思考的問題——如何最大限度地利用產業鏈上下游公司的資金？解決的方法包括：商業模式創新、渠道共建共享、企業聯盟合作等。

筆者曾調研過一家高精密制動閥生產企業，印象最深的，是這家公司的營運資金幾乎沒有自有資金的投入。不論這個案例是否具有普遍意義，至少證明了，通過應付帳款降低自有資金投入是可以實現的。

但凡事都有兩面，我們現在看到的是，占用應付帳款可以降低自有資金的投入，但過多、過長地占用對方資金，累積的資金壓力有可能瞬間擊垮公司的經營。

（3）應付帳款最大的風險是「千山鳥飛絕，萬徑人蹤滅」。

應付帳款作為債務，其風險是到期不能償付。沒錢償債的結果是打官司，可能被強制執行，甚至是破產清算，但這些極端的情況，對於應付帳款對應的債務來說，不一定有這麼嚴重。

常見的情況是，由於欠錢太多、時間太長，沒人願意陪我們玩了，供應商寧願不做這樣的業務，也不願意資金被長期占用，最后只接受現款現貨的交易。想賒貨？門都沒有。

再強大的市場話語權，也敵不過信用的缺失，就算獨家經營的壟斷企業，也不能打破商業的基本規則——重合同、守信用。

遇著一些仗勢拖欠供應商貨款的公司，脾氣好的供應商，慢慢磨著還款，實在被逼得沒辦法了，直接法庭上見，或是拉個橫幅堵門要錢。久而久之，公司名聲就壞了，名聲一壞，公司的行業優勢就無法轉化為生產力，到最后，一點價值也沒有。

把生意做成這樣，實在是失敗。

商業往來一定朝著開放、自由、平等的方向演進，特別是互聯網從各個方面介入商業活動后，沒有一個公司能絕對地控制一個行業、區域或業務。應付帳款雖然是個「政治」問題，但最終又會迴歸經濟的本質。

只有那些誠信經營、按期付款的公司，才會持續享受供應商的應付帳款政策。而一些依靠強勢行業地位，過分占用供應商的資金的公司，最終反而會走向孤家寡人的境地。

（4）分析應付帳款的構成內容可以看出公司經營的特質。

實務中，我們運用應付帳款籌劃資金的基礎，是不同供應商、不同業務的付款週期以及業務的具體內容。所以，我們需要一張應付帳款明細表，包括供應商名稱、類型、採購商品（服務）的內容、對應的業務項目、合同約定的帳期、應付債務的責任部門、雙方合作關係、採購內容的市場稀缺性等內容。

第五章　告別狹隘，從經營的視角看負債

收集這麼多信息，目的是為了制定公司資金的調配方案。

比如，A供應商提供生產核心部件的原材料，為確保原材料保質保量的按時供給，公司應在帳期內支付購貨款。H供應商提供的是替代性很強的輔材，且合作時間較長，那麼我們在正常帳期外，延遲一段時間付款，問題不大。

所以，應付帳款的付款政策的一般規律是：提供關鍵原材料（服務）的供應商的應付帳期較短；越容易被替代的採購內容，對應的應付帳款餘額越高；越好收款的業務，對應應付債務的償付速度越快（增長型業務）；成熟期業務的應付帳款餘額較高且帳期較長；充分競爭市場中的供應商，更容易接受更長帳期的應付帳款。

說了這麼多，就一個道理：應付帳款的是遇弱則強、遇強則弱的負債項目。我們只要讀懂應付帳款的經濟內涵，就能準確掌握公司經營的特質。

（5）應付票據好用但容易「上癮」。

應付票據是獨立於應付帳款單獨列示的負債項目，作為屬性區別於應付帳款的負債項目，二者的根本區別在於信用基礎不同。

應付帳款建立在商業往來的基礎之上，是基於契約關係產生的債權債務關係，雙方受合同的保護和制約。而應付票據（特別是銀行承兌匯票）一般是基於金融機構的信用，建立在金融工具到期支付的保證之上。

實務中，應付帳款結算方便、成本低，但對供應商來說，風險高而且還要承擔資金成本。應付票據雖然需要銀行審批，程序比較複雜，但供應商到期收款有保障。正是因為應付票據到期償付的保證力，高於應付帳款，供應商當然更願意接受應付票據的結算方式。

在交易雙方商業信用基礎不夠穩固的情況下，應付票據是最佳選擇，特別是金融機構的介入，減少了雙方確認對方信用的時間。從這個角度看，應付票據的手續費可以視作信用「仲介費」。雖然應付票據存在辦理時間的問題，但其提升了公司與優質供應商合作的可能性。

對公司來說，只要支付保證金（按開票金額的一定比例預先支付給銀行），就可以開具放大數倍金額的承兌匯票，如圖5-7展示的「槓桿效應」，公司可以在短時間內滿足較大數額的資金需求。

應付票據類似於信用卡的透支功能，想買沒錢買的時候，銀行幫我們買。同理，應付票據也很好用，但好用就容易上癮。

銀行為公司補充了資金，公司營運資金的壓力降低，風險意識隨之下

降，於是，到期不能支付的風險，會在不知不覺中不斷累加。雖然應付票據可以放大公司的購買力，增強「消費能力」，但這個「消費能力」是虛擬的，不是公司真實的消費水平和償付能力。

我們對應付票據的態度，反而應該比應付帳款更謹慎，其核心是判斷是否使用應付票據，或是什麼時候使用多大金額的應付票據。

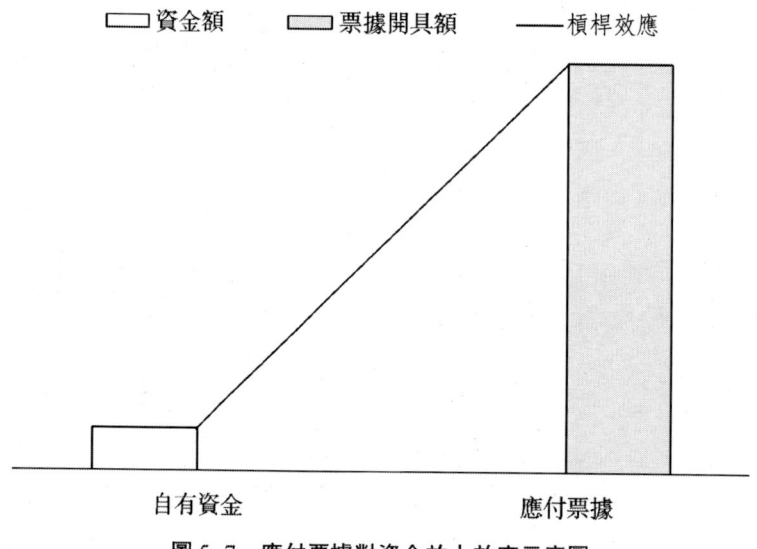

☐ 資金額　▨ 票據開具額　── 槓桿效應

自有資金　　　　　　　應付票據

圖5-7　應付票據對資金放大效應示意圖

（6）敢用、能用、會用應付票據的公司，其財務綜合素質都不低。

我們知道應付票據的內在邏輯和主要特徵后，接下來的問題就是，什麼樣的公司會使用應付票據？一般來說，需要具備三個條件，一是有信用、二是能控制、三是會運作。

「有信用」很簡單，指的是公司能否取得銀行授信，保證金能談到何種程度。這與公司的性質、規模和業務有關。一般來說，大體量的公司，更容易使用應付票據；能直觀辨認且金額確定的業務，也更容易使用應付票據。

「能控制」說的是公司業務和財務相互協作的默契程度。第一，業務部門要預計項目週轉時間，以票據承兌到期為限，判斷資金能否保證到期償付；第二，財務部門驗證業務部門測算結果是否合理，是否會影響公司總體資金安排；第三，按照償付計劃，倒排購進、生產、實施、交付等環節的時間，並落實到人，有序推進。

「會運作」指的是兜底措施。再好的計劃、再嚴格的控制，都不能保證

第五章　告別狹隘，從經營的視角看負債

百分百的預期效果。比如，經營活動開始後，假如沒有足額的資金償付到期債務，是否有其他來源籌集資金保證票據的兌付？

所以，敢使用應付票據的公司，其業務的營運水平不會差，到期票據能承兌，說明經營和管理的條線清晰，財務控制有效。而能長期穩定地使用應付票據，則說明公司財務管理的綜合素質較高。

（7）應付票據可能會轉化為短期借款，信用風險較大。

應付票據到期時，銀行會自動結算支付，同時在公司帳戶上扣取相應的資金，如果公司資金餘額不足，銀行代為支付的部分，將自動轉為銀行對公司的短期貸款。

當然，轉為短期借款後，公司損失的不只是利息支出，信用評級也會相應降低，以後再向銀行申請開具票據時，保證金的比例也會相應提高。

從這個角度看，應付票據是將應付帳款支付時點不確定的「優勢」，轉變成了確定時點支付資金的「風險」，換取的好處是供應商更強的交易意願，以及更快的交易速度。

因此，應付票據是對公司信用的補充，有助於降低雙方交易（溝通）成本。但我們根據「信用守恒定律」，應付票據到期不能兌付時，金融機構代替公司的信用補償，其代價就是公司的信用損失。只是這個損失的影響要大得多，畢竟公司和公司之間的信用關係，只是「點對點」的影響。但公司在金融機構信用度的下降，則會對公司貸款造成困難，這是「面」的影響。

所以，應付票據預期不能到期償付的風險較大時，我們更願意選擇應付帳款承擔債務，將不利影響控制在最小的範圍內。當然，這是不得已而為之的策略，畢竟，公司間信用破裂的最終後果是法律訴訟，也不是妙招。

「會計叔」：從競爭關係的強弱對比入手，挖掘應付帳款、應付票據會計信息的經營內涵，有助於直接切入應付債務的風險管控，這對管好、用好債務運作業務，大有裨益！

「算盤哥」：不論債權還是債務，其存在的基礎都是商業往來，只要有交易存在，一定有商業關係強弱對比的問題，從這個角度入手，我們才能抓住應付帳款和應付票據的本質。

第三節　預收帳款

「算盤哥」：通常來說，提前收款是開心的事，所以，預收帳款也是我們「喜聞樂見」的負債項目，不但能先收錢，而且業務有保證，體現了公司的競爭力。

「會計叔」：能先收錢的公司，一定有某個「看家絕學」，我們要關注的重點是，擁有什麼樣的產品（服務）才能讓客戶情願提前付款，這是我們研讀預收帳款信息的關鍵。

預收帳款是交付產品、提供服務前，提前收到的「貨款」，銷售（服務）活動完成后，再對應結轉為收入。一般來說，能取得預收帳款的公司，通常具有「三個必然」：必然具有獨占性的資源；必然具有差異化的競爭優勢；必然具有個性化產品（服務）。

在農耕經濟時代，相對稀缺的資源和個性化的產品內容決定了，預收和預付交易方式大量存在於商業往來中。到了工業時代，大量功能同質化的產品，極大地改變了市場的供需結構。消費者開始擁有更多的選擇空間，對付款方式的議價能力隨之提升，公司取得預收款的空間大幅壓縮。不僅如此，生產廠商還逐步運用應收帳款，延長應收債權的帳期，以此擴大銷售，增強銷售競爭力。

預收帳款的存在與經濟形態有關，與產品特質有關，與商業模式有關。所以，我們能從預收帳款項目挖掘的內容相當豐富，至少可以看出六個方面的內容。

（1）預收帳款是基本可以確定為收入的業務內容。

我們知道，收入確認需要滿足的條件包括：與商品所有權相關的主要風險和報酬轉移給買方、沒有繼續保留與所有權相聯繫的管理和控制權、經濟利益能夠流入企業、收入和成本能可靠計量。

我們就收入確認的標準，評價預收帳款的「收入屬性」。第一，預收帳款階段的商品所有權還沒有發生轉移，也無法證明不再保留與所有權有關的

第五章 告別狹隘，從經營的視角看負債

管理和控制權（至少形式要件不具備）；第二，經濟利益實際已流入企業，且收入金額能可靠地計量（已經收到確定金額的預收帳款）；第三，成本在業務層面可靠計量，只是會計信息還沒有確認。

在日常生活中，大到買房、購車，小到預訂蛋糕，我們支付預付款后，通常很難再解除交易。一是支付資金的行為，表明了雙方完成交易的意願；二是商家收取預收款，代表了商家完成交易的交付能力。

當然我們不排除收取預收款后交易失敗，退回預收款的情況，但大多數情況下，預收帳款都會順利地結轉為收入。

所以，預收帳款基本可以確定為收入的內容，這在邏輯上沒有問題，只是在形式要件上，還不滿足會計的確認標準。

從經營的內涵看，預收帳款對應「收入」的真實性，甚至高於應收帳款對應收入的真實性，雖然應收帳款是收入確認后的資產，但預收帳款有實實在在的資金流入，有確定的經濟利益做保證。

（2）預收帳款的管理要與項目相關聯，與合同相對應。

如果公司忘記別人欠了多少錢，損失的是現金，如果忘記欠別人多少錢，我們將損失信用。錢沒了可以賺，信用沒了，錢也沒法賺了，可能還會攤上官司。

所以，預收帳款的管理重點，是要搞清楚「收了誰的錢，該幹什麼事」。這就要求我們在日常工作中，通過建立預收帳款管理臺帳，說清公司何時從哪位客戶，收到了什麼項目，金額為多少的預收帳款。如表 5-1 所示，我們要特別關注，預收帳款對應業務的履約情況。比如，行銷部預收 A 客商採購產品的貨款后，超過 5 天仍未發貨，就需要我們將這一異常信息及時報告管理層。

表 5-1　　　　　　　預收帳款管理臺帳明細表

客商	採購內容	採購量	合同條款	履約情況	預收金額	帳齡	責任部門
A 客商	自產產品	5,000 件	採購總額的 5% 預付到貨后全額支付	未發貨	250 萬	5 天	行銷部
B 客商	自產產品	10,000 件	採購總額的 10% 預付到貨后全額支付	已發貨	800 萬	10 天	行銷部
C 客商	工程施工	2 項	施工進場時預付合同總額 20%	已進場實施	200 萬	1 個月	工程部

只有弄清「欠」別人什麼，才知道如何償付。所以，預收帳款必須對應具體的項目，與合同相關聯。公司才能合理安排產品的生產和交付，並落實具體的責任部門，避免商品（服務）不能交付的風險。

（3）預收帳款對應業務的成本要單獨核算，根據項目一一對應。

預收帳款反應了公司未來的收入，收入實現的基礎是產品的交付，產品交付前的成本歸集是計量產品價值的必要步驟，當預收帳款結轉收入時，存貨（勞務成本）同時結轉成本。

當然，我們也可以將這個過程看作，存貨（勞務成本）交付後結轉成本，同時確認收入，再衝銷預收帳款。

這些自然而然的核算過程，在經營管理過程中，不一定能按這個邏輯執行。特別是，具體業務項目和預收帳款的對應關係不明確時，收入成本同步結轉的要求，就是句空話。

舉例來說，某公司主營工程建設業務，本年2月收到不同客戶預付的多個工程項目的建設款200萬元，截至本年4月，項目陸續完工（階段性），公司根據施工進度確認收入，同時結轉預收帳款和收入，並確認對應的成本。

可以看出，收入結算的過程很簡單，麻煩在於這些項目的成本是否能同步結轉，結轉的金額是否完整、合理？

看起來，這不是問題，只要我們分項目核算成本、費用，同步結轉收入和成本就能實現。

可是，如果成本核算的方式很粗放，那麼這就是個天大的難題。如圖5-8所示，當成本支出沒有分項目核算，不能與預收帳款對應的業務一一對應時，收入、成本很難準確地同步結轉。

比如，項目1和項目2的預收帳款金額是確定的，收入確認時的金額也是確定的。但問題在於，項目1和項目2的成本沒有分項核算，公司基於利潤的考慮，就可能少結轉兩個項目對應的成本。

這會造成收入成本不匹配、預收帳款高估和業績造假等問題，而且，一系列與會計信息披露和信息質量相關的風險都會出現。

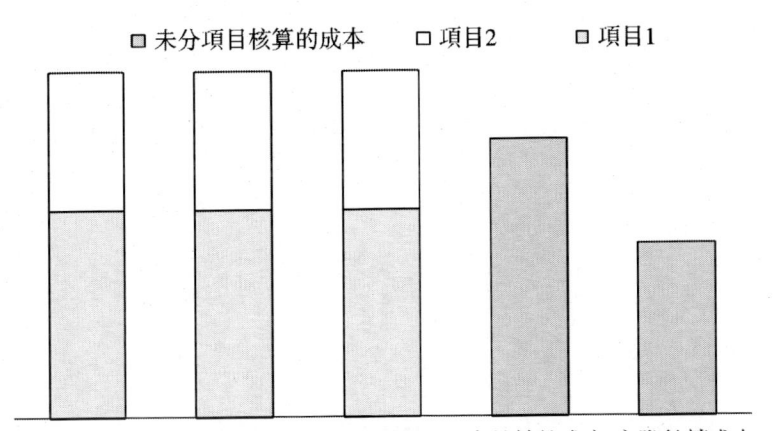

第五章 告別狹隘，從經營的視角看負債

圖 5-8 工程業務預收帳款結轉收入、成本示意圖

（4）預收帳款往往是公司隱藏收入的「蓄水池」。

預收帳款結轉收入時，與產品（服務）的交付密切相關，因為公司已收到現金，經濟利益已經流入企業，與產品相關的主要風險轉移后，會計確認收入的條件就全部滿足。

我們知道，如果公司提前確認收入，一定會通過應收帳款表現出來。相反的情況是，如果公司收到現金，却想延遲確認收入時，通常會隱藏在預收帳款項目中。

所以，我們分析公司的收入低估風險時，可以從預收帳款中挖掘線索。一般來說，在業務結構沒有大幅變動的情況下，公司資產負債表的結構也應該是相對穩定的，同時，我們也知道，預收帳款反應的是未來的「收入」，如果不及時結轉，預收帳款的占比勢必會超過正常水平。

如圖 5-9 展示的各月預收帳款餘額和預收帳款占比（預收帳款在資產總額中所占比重）的趨勢變化，我們可以看出，在本年 9 月以前，公司各月預收帳款餘額和占比，與上年同比差異不大。但進入 10 月以後，本年的餘額和占比開始逐漸超過上年同期數據，並在 12 月達到了最高值。這一趨勢說明，公司很可能在 10 月開始，放慢了收入確認的進度，有意降低本年的收入完成值。

問題是，即使收入能「隱藏」在預收帳款中，但對應的成本該如何處理？如果只隱藏收入不管成本，公司又怎麼確保利潤不虧損？

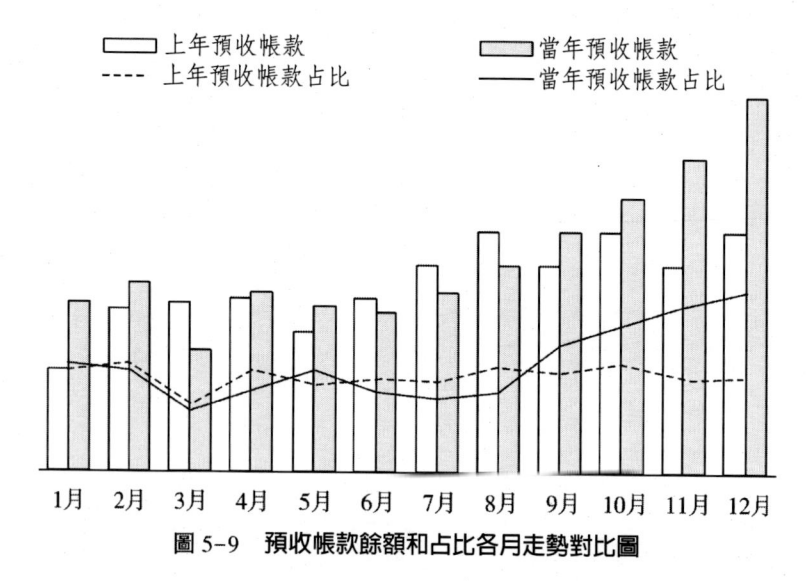

图 5-9　預收帳款餘額和占比各月走勢對比圖

一般來說,「隱藏」收入對應的成本,有三種處理方式:一是將成本「隱藏」在存貨中;二將成本「隱藏」在預付帳款中;三是結轉成本時混淆業務項目,隱藏在其他項目中。

當然,不論何種方式,總會有跡可循。具體的方法包括,測試項目收入成本配比情況、對比預付帳款明細內容、檢查存貨項目的具體構成。當然,上述測試收入低估風險的方法,我們也可以用於測試存貨、預付帳款項目的占比變動情況,檢查公司是否存在隱藏成本、做高利潤的問題。

從風險角度看,相對於應收帳款反應的收入高估風險,預收帳款反應的收入低估風險,或許是「利好」消息。畢竟,代表了公司在未來擁有一定的業務存量,后期的業績是有保障的。

(5) 從預收帳款的變動可以看出產品競爭力和市場環境的變化。

我們不論從經營的角度,還是從管理的角度出發,對生意來講,「多收錢、少花錢」「先收錢、后付錢」一定是做生意的最高境界。

「多收錢、少花錢」依靠的是后端管理能力,拼的是成本管理的水平。「先收錢、后付錢」依靠的則是前端市場能力,拼的是產品質量和服務的水平。我們可以用應收帳款印證「多收錢、少花錢」的能力,用預收帳款評價「先收錢、后付錢」的水平。

應收帳款占收比高的公司,后端管理能力通常較差,預收帳款一直高位運行的公司,一定具有排他性,甚至具有獨特的市場競爭力。

站在市場的角度看,預收帳款與產品的競爭力呈正相關,與行業生命週

第五章　告別狹隘，從經營的視角看負債

期是變動相關的關係，與市場開放程度則是反向關係。所以，在市場中，質量更高的產品更容易獲得預收帳款；公司在成熟期取得預收帳款的可能性高於衰退期；壟斷經營的產品比充分競爭市場中的產品更容易取得預收帳款。

因為，經營活動與會計信息之間的邏輯聯繫，都會通過報表項目反應出來。所以，通過預收帳款的增減變動，我們可以看出產品競爭力和市場環境的變化。

（6）預收帳款過大會帶來交付能力和生產營運的壓力。

公司希望多收錢，業務部門希望做業績，自然取得預收帳款的金額越大越好。但凡事都有兩面，預收帳款作為負債項目，就明確地表示了現在收的錢，將來得用產品還！

收的錢越多，要還的東西越多，公司就得加緊生產，道理很簡單，但在實務中，並非所有的產品，都能通過加緊生產提高交付的速度。要解決這個問題，我們得先弄清什麼樣的產品，客戶會提前付款？

這樣的產品一般具有三個特徵，一是產品（服務）是稀缺的，至少是相對稀缺的；二是產品（服務）具有個性化定制的特徵；三是產品（服務）的可替代性很低，幾乎沒有可替代的產品。

產品的這三個特徵是公司能取得預收帳款的原因。有意思的是，正是這三個原因，決定了公司不可能快速地、大批量地提供這樣的產品（服務）。所以，公司很可能從收到預收款的喜悅，變為無法交付的痛苦。公司如果降低交付質量，當然可以提高交付速度，但結果會是客戶的差評。如果放棄交付速度，而只保證交付質量，最後，還是會因為不能保證時間，導致客戶感知度的降低。

從經營的角度看，預收帳款代表了將來需要交付的產品和服務，所以，突然放量增長的預收帳款，一定會對公司的交付能力和生產營運構成壓力。

「算盤哥」：因為公司提前收到資金，流入公司的經濟利益相對穩定，預收帳款當然可以反應未來期間公司收入的變動趨勢，以及與之相關的業務經營情況。

「會計叔」：看來除了收益，預收帳款還面臨未來產品交付的壓力，作為公司收入的「蓄水池」，過高的預收帳款，還反應出公司收入低估的可能。

第四節　應交稅費、應付職工薪酬

「算盤哥」：一個是對外支付的稅金，一個是對內支付的人工，這二者放在一起，有何聯繫？還是說解讀這兩個項目的內在邏輯是一樣的？

「會計叔」：應付職工薪酬是支付給員工提供勞務服務的費用，應交稅費是支付的使用國家公共服務的費用，將這二者放在同一章節中，是因為二者都有「消費」的概念。

一、應付職工薪酬

不同於其他的負債項目，我們從應付職工薪酬的名稱，就能看出其經濟內涵，應付職工薪酬反應的是公司獲得員工勞務服務以後，因為時間、資金或其他原因，而不能在當期支付的人工薪酬。

我們知道，負債項目通常是以「債權方」為劃分標準，分類記錄和反應的會計信息。比如，應付帳款、應交稅費和應付職工薪酬對應的「債權方」分別是商業往來中的公司或個人、國家管理機構和公司內部員工。

我們現在假設，這三類債務的到期時間相同，但資金無法保證償付所有債務，如果你是老板，你會如何安排債務的償付順序？

通常來說，沒有一成不變的付款策略。公司付款政策會隨經營活動的變化而改變。比如，稅務風險較大時，公司只能先償付應交稅費，而後，再考慮貨款和人工薪酬的問題。

如果公司處於營運難以為繼的狀態，即使面臨稅收滯納金和罰款，也會先選擇償付應付職工薪酬和應付帳款。畢竟，先生存下去，才會考慮怎麼發展。

從經營的角度看，償付不同類型債務的先後順序，關鍵看公司如何給「商業信用」「政策法規」和「員工利益」三個經營要素排序。困難就在於，資金額度的限制決定了債務償付順序的過程，但這通常是一個互斥的選擇過

第五章　告別狹隘，從經營的視角看負債

程，但公司必須在其中做出「艱難的決定」。

除了上述三個要素，公司規模也會影響公司債務償付的順序。

對小微企業來說，因為其極弱的市場議價能力，經營鏈條斷裂的風險很大。所以，「商業信用」尤為重要，作為公司生存發展的基礎，通常會先償付應付帳款的債務內容。

不同於小微企業的是，中型企業具備一定的議價能力和穩定的員工隊伍，所以，中型企業對三個「經營要素」的排序，往往根據債務的緊急程度，靈活機動地確定償付方案。總之，中型企業在資金有限的情況下，會以最快捷、安全的方式，解決債務危機，渡過難關。

以上這些困難的選擇過程，在大型企業看來，都很好解決。依託其產業鏈中的強勢地位，通常會選擇延遲支付供應商貨款，既不用延遲支付稅款，也不用拖欠員工薪酬。

通過上面的邏輯推演，我們大概也明白了，為什麼小微企業更容易拖欠員工薪資。所以，應付職工薪酬作為與公司員工相關的負債項目，到期能否兌現支付，與公司規模密切相關。

同時，作為面向公司內部的負債項目，我們解讀應付職工薪酬，是瞭解公司人力資源政策、組織結構特徵、團隊構成和人力競爭力的有效途徑。

（1）應付職工薪酬每期余額應大致相當、持續且穩定。

我們判斷應付職工薪酬會計信息，首先是瞭解公司的薪酬體系、發放政策和計提規則。

一般來說，職工薪酬要麼是當月計提當月發放，要麼是當月計提次月發放。如圖 5-10 所示，我們看到公司各季度業務收入的上下波動，與經營活動直接相關的應付帳款，以同樣的趨勢變化。但是，公司應付職工薪酬相對穩定，即使有波動，也是在很小的範圍內變化。

不同於其他負債類項目與經營活動的關係，員工薪酬的結構也是相對固定的。除非業務轉型、市場環境驟變或組織結構大幅調整，人工成本基本維持在一個波動很小的範圍內，伴有小幅上升或下降。

（2）應付職工薪酬的債務結構反應了公司營運的關鍵特徵。

應付職工薪酬的核算內容雖然多，但核算方式固定，程序也不複雜，所以，大部分公司的薪酬核算方式相近。我們挖掘應付職工薪酬相關的會計信息，關鍵是研究公司的薪酬結構和薪酬體系。

具體來說，包括三方面的內容：第一，市場（前端）人員與管理（后

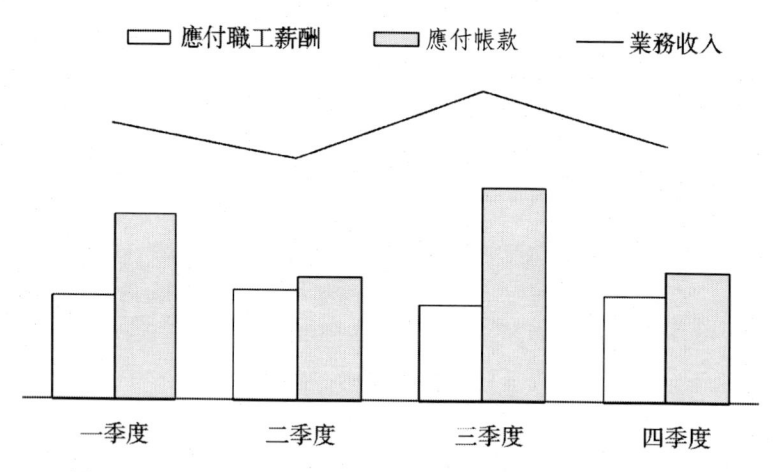

圖 5-10　應付帳款、應付職工薪酬與業務收入變動情況示意圖

端）人員的薪酬對比情況；第二，員工薪酬的計算方式，特別是變動部分薪酬的計算方法（比如績效工資）；第三，特殊內容的職工薪酬（股權激勵）。

　　比如，從圖 5-11 展示的公司經營人員和管理人員的薪酬對比情況。我們可以看出，公司從 2012—2015 年，經營人員的薪酬遠高於管理人員，說明公司特別注重市場拓展和生產工作。同時，我們還看到，在 2013 年以後，公司人工成本中變動部分的占比越來越高，說明公司逐步構建了與業績相關的人工薪酬體系。

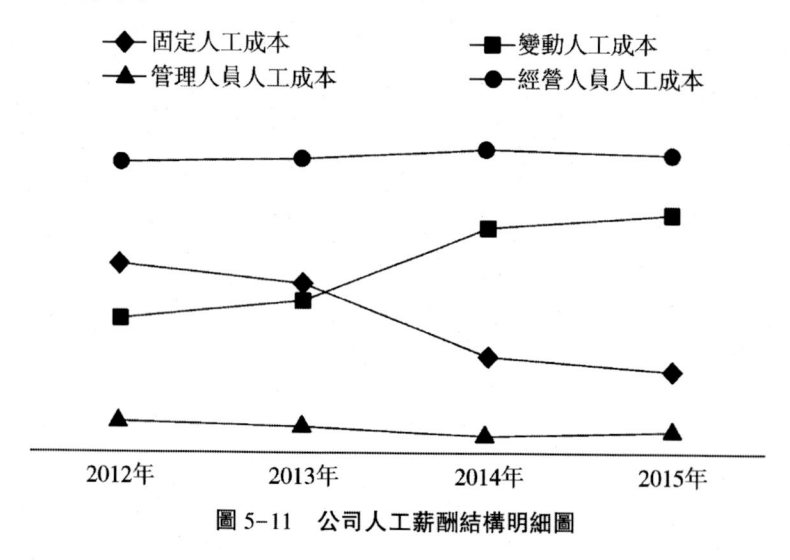

圖 5-11　公司人工薪酬結構明細圖

第五章　告別狹隘，從經營的視角看負債

薪酬結構雖然是公司的「內政方針」，實質上，卻是市場環境、營運方式、人力組織三者平衡狀態下的結果。所以，不同行業、不同規模、不同經營模式下的公司，必然都是個性化的薪酬結構。特別是不同發展階段下的應付職工薪酬，突出展現了公司營運方式的變化。

比如說，在公司初創期，市場人員的薪酬水平一定高於管理人員，隨著經營規模的擴大，管理人員薪酬在整個人工成本中的占比，會逐步上升，並在某個數量級上穩定下來。

再比如，我們要判斷一家公司的營運能力，可以觀察這家公司人工薪酬在市場、研發、生產和管理部門的分佈情況。如果市場人員的平均薪酬過低，公司業務拓展的能力必然受限；如果管理人員的薪酬過低，就很難招聘到高水平的管理人員；如果研發部門的員工拿不到符合市場行情的薪酬，就會另謀高就，公司的研發能力也會受挫。

（3）應付職工薪酬也有調整利潤和現金流的作用。

我們知道很多資產、負債項目，都有調節利潤的「功能」，應付職工薪酬也不例外。比如，公司利潤過高時，通過提高員工薪酬，以增加人工成本的方式，可以降低利潤，這是皆大歡喜的事。要是本年利潤過低，公司則會降低人工成本，自然會引起員工的不滿。

除了利潤，如圖5-12所示，應付職工薪酬還能用來調控現金流。

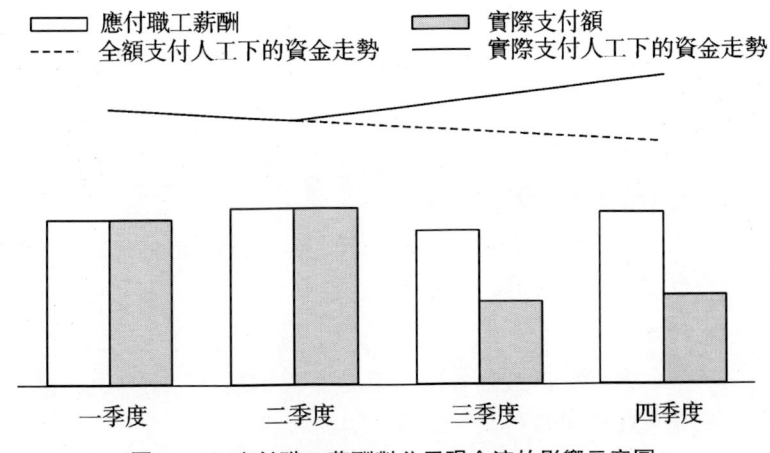

圖5-12　應付職工薪酬對公司現金流的影響示意圖

在一些需要考核現金流指標的公司，如果延遲支付應付帳款、運用應付票據等方式，都無法滿足現金流指標時，就會在應付職工薪酬上動腦筋。比

如，公司計提了人工薪酬但不發放，將資金「截流暫存」在公司，應付職工薪酬就是完成現金流指標的「救命稻草」。

所以，我們看到報表中應付職工薪酬余額激增的情況，可能是公司真的遇到了資金困難，也可能是公司在調節利潤和現金流。從經營角度看，前者是真真切切的經營風險，后者既有經營風險的可能，也有會計信息失真的問題。

當然，如果應付職工薪酬年末余額過大，且不符合正常的薪酬支付規律，還存在納稅調整的風險。

不論採用何種方式，通過應付職工薪酬調節成本和現金流，都不是「妙招」，一來金額太大、動機太明顯，二來容易影響公司正常的薪資發放，造成員工隊伍不穩定。

「會計叔」：我們從薪酬結構的角度入手，可以挖掘更多人工成本相關的信息，算是找到瞭解讀「應付職工薪酬」相關經營內容的辦法。

「算盤哥」：在實務中，能反應人工成本使用效率的財務指標實在太少，通過薪酬結構解讀公司的營運情況，算是切入經營活動的一個途徑。

二、應交稅費

應交稅費是負債項目中最具「權威性」的項目，如果從債務支付的時效性來看，更是無出其右者。而且，應交稅費的核算難度更是遠超其他負債項目，因為應交稅費代表了財務工作中，最重要也是最複雜的內容——稅收策劃。

若是討論龐大且繁雜的稅務會計，至少要幾十萬字。這裡，我們走個捷徑，從經營的角度挖掘應交稅費的會計信息，把握三點即可。

（1）應交稅費考驗的是公司籌劃業務活動的能力。

大家看到這個標題，一定會覺得奇怪，應交稅費考驗的不是稅收策劃能力麼，怎麼會是籌劃業務活動的能力？

第五章　告別狹隘，從經營的視角看負債

應交稅費當然考驗的是稅收策劃能力，但要做好稅收策劃，除了要掌握稅務政策，還必須與業務籌劃相結合。因為決定公司稅負成本的根源來自業務，以及具體的經營活動。

比如，以佣金方式銷售商品和自購自銷方式銷售商品，兩種方式的涉稅內容完全不同；再比如，業務分包和勞務分包下的工程結算，涉及的稅收政策不同，相應的稅負也不同。

業務活動決定了稅種、稅率和稅負。

所以，稅收策劃的第一步是「設計方案」，通過不同稅收政策的排列組合，先找出「最優解」；稅收策劃的第二步是「落地實施」，根據「最優解」構建能夠實現目標稅負的業務流程、產品（服務）結構和商業模式。

以上兩步很好地解釋了，為什麼在稅收策劃工作中，往往是「外部人」強於「內部人」。從技術層面看，很多公司的財會水平不比專業機構低，但在策劃稅收方案時，總感覺差強人意。關鍵就在於，專業機構經歷了太多實務，見過各種商業模式、經營方式，知道如何通過業務策劃的方式，實現最佳稅收方案。

所以，我們要做好稅收策劃，除了鑽研稅收政策，更多的精力要用於瞭解不同商業模式下的稅務處理，否則，稅收策劃就是牆上的餅子，看得著却吃不著。

（2）應交稅費的風險除了按時交納，關鍵在於計提準確。

應交稅費是公司自行計算的負債項目，容易在兩個方面導致計提錯誤，一是客觀上執業能力有限，對某些稅種把握不準，造成計算錯誤；二是主觀上想降低公司稅負，人為形成的計提「錯誤」。

不論何種原因，最后結果都是實際計提金額低於應計提的金額。這是主觀故意和執業能力不足並存的混合風險，最終，會對公司造成確定的傷害。

為了解決這個問題，大型企業會定期稅務自查，中小型企業則會聘用有經驗的會計或專業人士，復核相關稅種的計提內容，落實是否存在計提錯誤的情況。

（3）應交稅費本質上是「外向型」的負債項目。

資產負債表中每個項目，最終都會與外部發生關係，有些項目很「外向」，比如應收帳款、應付帳款，直接與生產經營活動相關；有些項目則很「內斂」，比如公司自行建造的固定資產、無形資產。對應交稅費來說，計提

税费的過程由公司自行完成，唯一與之相關的外部單位就是稅務機關。

這一切，讓應交稅費看起來很「內向」。

但在實際工作中，應交稅費與公司經營方方面面相關，從收入到成本，從收款到付款，基本沒有不與稅費產生聯繫的內容。所以，這個看起來很「內向」的負債，其實是最「外向」的報表項目。

實務中，我們應該具備靈活的思維和開放的心態，既要完成內部稅收策劃工作，還要考慮與客戶和供應商相關的涉稅處理，同時，還能和稅務機關有效地協調溝通。

（4）應交稅費需要會計走出辦公室才能管控到位。

公司的稅費計算通常是會計的案頭工作，我們坐在辦公室根據財務和業務數據，計算應交納的各項稅費。

所以，應交稅費是根據數據計算出來的「數字」？

如果真是這樣，那麼稅收策劃就沒什麼技術難度，只需要按照預期目標，調整相關數據即可。然而，操作過稅收策劃的朋友一定知道，要實現稅負目標，需要「內外兼修」的功力。特別是我們前面提到的業務籌劃能力，甚至超越了稅務專業技能的要求。所以，我們坐在辦公室計算的「應交稅費」，頂多是完成了簡單的計算工作，連稅收策劃的邊都沒挨上。

舉例來說，公司從事貿易業務，各期應交增值稅受銷項稅、進項稅變化的影響。如圖5-13所示，我們看到，2月、4月和6月都需要交納增值稅，其他各月無須交納，並且有進項稅留抵。雖然，整個年度的應交增值稅總額沒有差異，但各月實繳金額差異較大，這對公司現金流的影響特別重大。

如果我們把3月、5月的進項稅「挪動」一部分到2月、4月和6月，在總體稅負不變的情況下，不就能降低稅金對現金流的影響麼？可是，「進項稅」控制在供應商手中，不是我們想動就能動的，除非，對方願意配合。

什麼情況下供應商會按照我們預期的時點，向我們提供預期金額的進項稅呢？辦法有很多，比如，我們和供應商協調溝通，或是，加快付款進度作為交換的條件，再或者加大採購量提高我們談判的議價能力。總之，我們用任何可以調動的資源，與對方協商開票時點和數量，就能控制「進項稅」，進而實現均衡納稅的目的，重要的是，我們是在合理範疇內進行的稅收策劃。

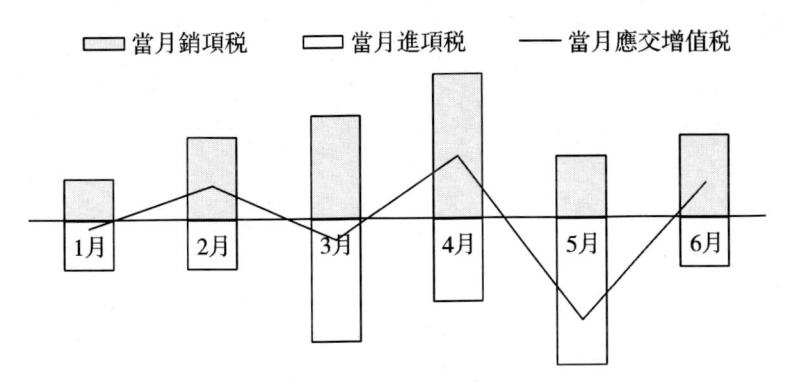

第五章　告別狹隘，從經營的視角看負債

圖5-13　各月增值稅進項稅、銷項稅和應交增值稅變動情況圖

可見，與稅收策劃相關的工作，我們坐在辦公室憑空想像是搞不定的，只有走出去想辦法、謀思路，才能將方案落地。

「算盤哥」：應交稅費複雜的核算和計提，算得上財務工作中最複雜的內容，需要高水平執業能力的支撐。

「會計叔」：所以，我們需要多學習和掌握與稅收處理相關的技巧，這是提升稅收策劃能力的關鍵，也是做好稅務管理的先決條件。

第六章
告別平庸，成為新型會計

第一節　會計的服務、管理和核算
——「當一個會服務、懂管理、能核算的會計」

「算盤哥」：前面的內容，圍繞著「核算」「管理」和「服務」三大主題展開。在這一章，我們做一個「大綜合」，嘗試建立一個包含「核算」「管理」和「服務」於一體的會計工作體系。

「會計叔」：隨著經濟形態的變化、商業模式更新以及會計技術的進步，我們只有理清服務、管理和核算的關係，會計工作才能創新突破、不斷進步，這樣的嘗試有意義！

在前面的章節，我們看到未來的會計，將從以信息生產為主要內容的工作，轉變為挖掘和使用信息為主要內容的工作。因此，我們應該更加關注，如何提高會計信息的使用價值。

所以，未來衡量會計人員執業能力的標準，重點關注的是經營和服務的能力，單純從事核算和報表（單純的數據處理）工作的會計，其職業的議價能力會大幅削弱。

如果我們將會計工作（會計崗位）設定為，能夠計算產出的「生產單

第六章　告別平庸，成為新型會計

元」，那麼我們評價會計工作的價值，就有了現實的基礎和可量化的標準。也就是說，會計生產的「信息產品」價值幾何，公司每賺1元錢，會計在其中能貢獻多少？

所以，財務部作為公司的信息中心，會計信息作為會計生產的產品，會計工作的價值在於挖掘和使用會計信息。

會計工作的核算、管理和服務，都圍繞這個主題展開。

從這個角度出發，我們評價會計部門是否具有話語權，是否能得到管理層的重視，不是看其擁有多大的表決權，不是看其他部門來報帳時的做派。而在於這個會計部門擁有多少數據資源，會計信息的覆蓋面有多大，會計信息能否支撐經營決策，能否判斷公司經營情況和業績走勢。

未來的會計人員，比拼的是信息挖掘的能力。

如何挖掘和提高會計信息的使用價值？對此，我們都曾走入過誤區，認為只要是運用財務理論分析和評價會計信息，就是在挖掘和使用會計信息，並不斷追求更複雜、更先進的管理技術和分析工具。

后來，我們終於在眼淚中明白，如果數據不完整、不全面、不真實，分析技術越高端，花樣越多，得出的結論，反而越荒謬。

挖掘信息的關鍵，是把握信息的「點、線、面」，即豐富信息的點，連接信息的線，拓寬信息的面。當然，這裡的「信息」不僅有會計信息，還包括業務信息。我們評價會計挖掘信息的水平，關鍵是看，會計通過業務和會計信息，能否還原經濟活動的原貌，以及還原的程度。

所以，未來的會計，是能拍「紀錄片」而不是拍「藝術片」的會計。紀錄片雖然看起來索然無味，其實直擊本質；藝術片看似精彩紛呈，却容易讓人一頭霧水。

不幸的是，通常我們向老板匯報工作，與業務部門溝通交流時，大家的感受，要麼索然無味，要麼一頭霧水。這正是我們的兩難處境——只說會計信息，成了「就數字說數字」，如果談業務、說經營，又可能表達不足甚至漏洞百出。

如果把事情說得索然無味，這樣的會計專業能力雖有欠缺，但實事求是，只要職業態度端正，能力可以慢慢培養，不是大問題；把事情說得清晰透澈的會計，既有專業水平又瞭解經營，是不可多得的好會計；把事情說得雲山霧罩的會計，則是「胡攪蠻纏」，所謂知之為知之，不知道還要硬掰，掰得又不專業，有什麼意思？

這看似不好把握、無法突破的難題，並非遙不可及，「核算」作為財務管理和服務經營的基礎，我們將「核算」工作夯實，做好管理和服務，就是順其自然的事。

要做好核算，關鍵把握兩點，一是「真實」，二是「全面」。

對於會計信息的真實性和完整性，會計準則發揮了重要功能，而各公司的核算制度，又進一步規範了會計信息的編製過程，以提高信息的真實性和完整性。會計準則也好，核算制度也罷，都屬於「術」，要獲得真實、完整的信息，最終要上升至「道」的層面。

「術」考驗的是專業，「道」考驗的是勇氣。

有點虛幻，但的確是「勇氣」。

筆者曾看過一部關於科索沃戰爭的紀錄片，其畫面之粗糙、情節之凌亂、音效之惡劣，實在難以稱之為影視作品，但看完之后，感受之強烈、記憶之深刻。多年后看到影評，才知拍攝者既是導演、製作，又是音效、后期，並在拍攝時三度負傷，還因為彈片造成烈性燒傷，切除了大部分皮膚組織。

這就是勇氣——不論艱難險阻、坎坷障礙，也要取得未經修飾、沒有扭曲，「原汁原味」的信息。

作為會計，我們尚不至於身陷槍林彈雨、龍潭虎穴之境地，但會計獲取信息的阻礙却無處不在，有的是無意為之，有的是刻意隱瞞，有的甚至是指鹿為馬、蓄意誤導。

「會計叔」：信息的生產者其實也是信息線索的追逐者和信息殘片的拼湊者，這是我們避不開的困境和難題，是會計的「宿命」。

「算盤哥」：所以，才會有越來越多的系統、信息工具，不斷累加到會計信息生產過程中，最終目的，都是為了生產質量更高的會計信息。

平心而論，系統化、流程式的管理工具，確實有助於提升提高會計信息的真實性和完整性，但過度的管理介入，一會增加管理成本，二有可能降低公司的營運效率。

曾有一家工程施工企業，上線了一套項目管理系統，功能極其強大，管

第六章　告別平庸，成為新型會計

控內容細化到每一天的工作量、材料領用，還包括車輛運行費用等生產輔助支出，具體的項目多達 98 個。該公司負責人認為，有了這套管理系統，一定能實現精細化的管理，有效控制成本。聽到負責人如此篤定的說法，筆者感到一出「悲劇」即將上演。

精細化的管理系統，當然有助於精細化的管理，準確地說，是「形式」上的精細化管理，要說保證施工質量、控制成本，靠一套系統就想實現，則不一定。

精細化的系統絕不等於精細化的管理，系統、工具和技術，不過是管理的手段和途徑，能為管理錦上添花，但不一定能雪中送炭。

這家公司在系統上線前，控制業務的方法是，通過會計信息，判斷經營行為是否符合工程施工的邏輯，牢牢把握項目實施中「付款」「進度」「結算」和「收款」四個環節。雖然這樣的方式不是完全靠數據支撐完成的，有「經驗主義」之嫌，但在某種程度上，也排除了虛假信息對決策的干擾，避免了甄別信息真假的麻煩。

雖然管得很「粗暴」，但是管理很有效。

項目管理系統上線以後，一切就變得微妙了。雖然，管理的思路沒有變化，但過於明細的信息收集系統，加上系統強大的數據分析功能，反而帶來「信息噪點」，管理決策時更是左右為難。

更重要的是，信息系統中的數據，都是靠人工錄入的，換言之，如果有人要蓄意誤導決策，填列的虛假信息，只要能通過系統的審核，就能隨心所欲。

於是，用看似合理的途徑，達到不合理的目的，變得不再複雜，而這一切，都是因為一套看似天衣無縫的精細化管理系統。

「算盤哥」：等等，您的意思是財會信息系統作為管理工具，運用到會計信息生產過程中，反而會阻礙我們實現真實、全面的管理目標？

「會計叔」：這一點有些令人費解，但事實的確如此。原因就在於管理系統的運行邏輯不一定符合會計信息生產的邏輯。前者針對的是業務活動，后者面對的是會計活動。具體說來，有五個方面的原因。

第一，信息化系統無法完全代替會計完成歸集信息的工作。

信息化系統是工具，由會計使用，但工具會改變生產方式。工具改變生產方式的過程，就是工具屬性的外在表現，工具的屬性是工具運行邏輯的外在表現。

信息化系統的運行邏輯是：「保存」和「傳遞」信息，管理者運用系統處理后的信息，控制、引導和規範行為。所以，信息化系統「保存」和「傳遞」信息的方式，直接影響管理方式。比如，精細化的信息系統，有助於管理者準確地決策，同時，也讓管理者陷入事無鉅細的囹圄中。當然，在何種高度開展管理，與管理者的認知水平有關，畢竟，工具是由人來操作的。

系統影響管理的關鍵，是系統儲存的信息的時效性和完整性。

但是，信息是有「生命」的。

信息從出現到消亡，可能是一瞬間，也可能歷經幾千年，那些經千年而不滅的信息，就是我們今天還能看到的歷史。信息化系統存在的意義之一，就是延長信息的「生命週期」。請注意，「延長」信息保存的時間，並不代表系統能完整地收集信息。我們把信息比作江河湖海構成的複雜水系，若要匯集成洶湧的洪流，一是朝向一致地流動，二是相互交融，能由小及大地匯集起來。總之，只有按同一方向，完整地匯集，才可能形成洶湧的洪流。

很多事情的道理是相通的，所以會計信息也只有按統一的標準，完整地記錄業務行為，才能有效地反應經營活動。

我們知道，未來的核算工作會被信息技術「取代」，準確地說，取代的是核算工作中程序性的內容。但系統本身不能確認信息是否完整，更不可能主動收集信息——系統無法代替我們完成信息歸集的工作。

系統記錄的只是我們「收集」來的信息，能否完整地反應經營活動，關鍵還得看信息收集的廣度和深度。在未來，評價會計核算水平的標準，關鍵是看，會計信息能多大程度地涵蓋經營活動。

只有信息全面地反應經營活動，才談得上信息的真實性。

對於管理層需要完整、真實會計信息的訴求，我們需要擴大信息收集的範圍，同時，借助信息化系統強大的處理能力，自然就能事半功倍。但要是我們將系統當作目的或結果，就會陷入「技術陷阱」，會計信息就成了閉門造車的結果。

第二，會計更關注信息的「規範性」，較少從「實證」的角度探尋會計

第六章　告別平庸，成為新型會計

信息產生的內在機理。

作為會計，我們常糾結於，會計信息是滿足會計準則、規範和制度的「規範性」要求更重要，還是真實地反應經營活動更重要？

這是一個爭論性很強的話題，我們用會計最常見的原始憑據——發票，來解答這個問題。

發票是具有法律效應的經濟憑據，是經濟活動的書面證據。作為經濟活動的書面證據，發票與合同、收據，甚至「白條」，都沒有本質的區別。

但要是沒有發票，憑其他類型的業務憑據，能做會計處理不？所有的會計規範都明確規定，如果沒有發票，會計處理就缺失了最關鍵的原始憑據。可我們不是才論證了收據、合同，甚至「白條」，都是業務憑據麼？

有朋友會說這些憑證，不一定具備法律效應，沒有發票的會計業務是在玩笑。

站在歷史的角度看，在沒有發票的幾千年中，商業往來、交易活動也沒有遇到實質性的障礙，依然進行得如火如荼、熱火朝天。

準確地說，發票是稅務機關徵收稅款的工具，是國家監督經濟活動，維護經濟秩序的手段。「發票是具有法律效應的經濟憑據」就是在這個大前提下提出的規範性要求。

這沒有問題，問題在於，我們直接將其移植為會計核算和財務管理的標準。這看似合情合理的做法，就蒙蔽了我們的雙眼，讓我們喪失了探尋經濟活動真實性的衝動。

比如，某些企業為了降低稅負，找發票虛增成本，或是偏離職業道德的人員，虛增發票金額或虛列項目，以此多報費用。這些行為一定違規（有些甚至違法），但對會計來說，具備了「真實」發票的經濟業務，就應該入帳，因為這些內容符合費用報銷的全部條件：

①與費用相關的經濟利益很可能流出企業（確定）。
②經濟利益流出的結果導致資產減少或者負債增加（確定）。
③經濟利益的流出額能夠可靠計量（確定）。

我們按準則的要求處理的會計業務，却讓我們成了不明真相而上當受騙的「無辜」群眾。

該怎麼辦？答案似乎很難，但我們換個思路就能解決。

還記得我們前面提到的物流公司車輛運行費用的案例麼？要確認會計信息的真實性，我們必須核實業務信息，通過業務活動與財務指標的邏輯關係

來判斷。

如果我們在這個過程中發現問題，需要告知業務管理部門，或報告分管領導。而這個過程也是會計管理業務，服務經營的過程。於是，我們得出一個重要結論：會計的核算、管理和服務，並非相互隔離的會計職能，而是融為一體的內容。

「算盤哥」：如此看來，要獲得完整、真實的會計信息，不光要在核算環節加強審核，還要引入管理的思維。這麼看，會計應該是管理者的定位。

「會計叔」：會計一定要有實證精神，因為經濟行為相互聯繫，只要有一個謊言，就需要無數謊言掩蓋。我們切入經營活動，考察核算內容的真實性，就能發現破綻。

我們只有將視線延伸到業務活動，才能真正具備專業判斷能力。如果只關注程序性的內容（比如發票），簡單地按規範性的要求判斷經濟活動，遲早會被忽悠。

第三，會計通常接收的是「點位」信息，單個信息具有不同的判斷標準，只有將點連接成線，再組成面，才能生產可靠的會計信息——經營活動就是會計信息的「基本面」。

我們以預算工作為例來說明這個問題。

預算是控制經營活動的管理工具，但要做一份可落地實操的預算方案，卻非常困難。畢竟，根據經驗數據（過去的業務和會計信息）做出的預算方案，不一定適應未來發生的行為。

預算太「虛」，沒有可操作性，預算太「實」，又會制約經營。

但預算至少為我們判斷經營活動的財務表現，提供了評價的「基準」。比如，業務部門報銷費用時，該費用的年度預算總額，就是能否入帳最直接的判斷標準。

那麼問題來了，除了預算，還有沒有更精準的判斷方法？

我們知道，經濟活動是會計信息的基礎，照此推演，經濟活動的運行邏輯，也應該是會計判斷的標準，要弄懂經濟活動的運行邏輯，需要長期思考，非一日之功。但從實務工作入手，發現和把握經濟業務的運行邏輯，卻

第六章 告別平庸，成為新型會計

是簡單至極。

假如我們現在是商業企業的會計，想弄清楚業務的運行邏輯，最簡單的辦法，就是親身參與整個經營過程。從購貨開始，歷經比選招標、合同簽訂、驗收、採購、付款、商品進出庫、銷售、開票、回款、清倉盤點等所有環節。

整個一圈走下來，就算我們說不清經營的所有內容，但我們一定能瞭解各環節之間的邏輯聯繫，上一步做了什麼，對一下步的影響是什麼，相互之間的影響是怎麼發生的，基本能掌握個大概。只要這一點做到了，我們就把握了公司經營活動的脈絡，換言之，我們就掌握了會計信息的「基本面」。

「書上得來終覺淺，絕知此事要躬行」——搞不懂的事情，做一次就懂了。

會計要懂生產，瞭解生產經營，只能親身參與其中，但在實踐的過程中，我們面臨另一個問題——什麼是會計該做的事。

第四，對會計來說，「應該做的事」是會計規範的要求，「需要做的事」是經營活動對會計工作的要求。做什麼樣的事，將決定我們是普通會計還是成為財務經理。

我們仍以商業企業的會計為例，在親自參與業務活動之前，最好先自己推演從購買到銷售的整個過程，再實地調研。根據實際情況與邏輯推演的差異，找出邏輯推演錯誤的內容，最後，分析這些內容是如何影響會計信息的。

通過這些工作，我們可以構建一個能夠及時發現與經營邏輯相違背的會計信息體系，這就是我們「需要做的事」，而「應該做的事」則是在核算時，降低例外事項對會計信息規範性的影響。

以前，我們得到的是被給予的信息，是碎片化的內容。現在，我們掌握了信息與業務活動的內在聯繫，會計工作從被動變主動，不再是給什麼就反應什麼的簡單記錄，而是需要反應什麼信息，就能取得什麼信息的管理工作。我們做到了這些，會計控制經營行為，服務公司經營，就不是一句空話。

經營活動是一個相互關聯的神經系統，任一環節的異動，其他環節都隨之變化。我們能從任一變動中，看出可能的、應該的或一定的聯動反應，自然就是最上乘的會計。

「會計叔」：講到這裡，我們又從會計的管理定位向前邁進了一步。會計雖然不會直接參與經營，而這些內容，正是我們為輔助經營而開展的工作。

「算盤哥」：不論技術如何進步，管理和服務還得靠人才能實現，做不被取代的事，才能創造價值，做創造價值的工作，才不會被淘汰。

第五，會計的價值體現在管理和服務，但工作集中於基礎核算內容的我們，如何才能實現創新轉型？

在前面的內容中，我們看到，會計一直在核算、管理和服務三者之間轉換角色，到底扮演哪種角色多一點，與我們的精力和能力有關。

實話實說，很少有會計能經年累月、持續不斷地做好這三件事。除了主觀原因外，客觀上，越來越細化的會計分工，也是我們同時做好這三件事的障礙。分工協作雖然有利於核算、管理和服務的專業化發展，但在一定程度上，也造成了信息的扭曲，反而降低了效率。

當經營活動產生的業務信息傳遞給核算會計時，就已經失真（第一次信息衰減），核算處理後再傳遞給匯總會計（第二次信息衰減），經過匯總會計的數據整理（第三次信息衰減），管理會計再分析報告管理層（第四次信息衰減）。

2 的四次方是 16，一個微小的差異經過四次傳遞，就會放大 16 倍，換做是你，你會用這樣的信息麼？所以，公司領導、業務部門聽不懂，也不想聽過於複雜的財務分析，其中一個原因，就是數據異化得太厲害。

如此錯綜複雜的問題，我們能找到「解藥」嗎？

「解藥」就是十六個字——建立標準、劃小單元、監督執行、全面授權。在詮釋「十六字訣」之前，我們先探究一下會計能否同時完成核算、管理和服務的工作。

一般來說，同一會計很難同時完成核算、服務和管理三項工作，除了勞動強度、專業勝任能力、工作意願等因素，在我們的認知中，核算是案頭工作，服務是運用信息支撐決策的過程，管理是控制行為的內容。

假如，我們不考慮工作量、能力、意願等因素，從實務操作的角度看，

第六章　告別平庸，成為新型會計

核算、服務和管理，其實是會計工作必經的三個階段，只是所處環節的先后順序不同。人為的分工切分，反而造成整體的割裂。

比如日常費用報銷，會計從接收原始單據到完成支付，就包括了費用合規性、業務真實性、憑據完整性的審核內容。看得出來，費用報銷雖然是核算範疇內的工作，其實，已經包含了服務和管理的職能。

「算盤哥」：看來會計工作是摸清核算、管理和服務的內在邏輯和相互聯繫的基礎上，同時開展的內容，關鍵看我們想要突出哪個部分。

「會計叔」：本應融為一體的工作，由於組織架構、崗位切分、流程設置的原因，被人為割裂成一個個孤島，會計作為信息的生產者，無意間却給自己設置了障礙，自然就難以服務經營、支撐管理。

當我們理解了會計可以同時實現核算、管理和服務職能時，就可以系統地總結「十六字訣」。

一、建立標準

「建立標準」是我們在做事前，先明確的規矩。沒有規矩，不成方圓，但我們這次「建立標準」的方式不同，準確地說，我們要建立一個有選擇的標準。

我們將核算、服務和管理職能，分別細化為具體的工作項目，並將每個項目，劃分為「至少要做的事」（及格標準）、「努力去做的事」（優良標準）和「盡量去做的事」（加分標準）。

大家會說，既然是標準，為什麼不都設定為「必須去做的事」？如果可以選，人人都選較低標準，工作質量怎麼保證？

現實中，所有的規章制度都是按最高標準制定的。請問大家，我們真的是按最高標準，規範自己的行為麼？絕對不可能，反而常常連基本的要求都沒有達到。

尊重現實，才能實現理想。

「建立標準」的目的不是為了田裡莊稼一般高，而是劃定必須堅守的底線，明確至少應做到的工作，並為提升工作水平明確方向。

比如，我們對核算工作的最低要求是，至少符合會計準則的要求，具備完整的原始憑據（發票、合同等）。在此基礎上，進一步的要求是，確認經濟活動的合規性和真實性。最後，再要求會計根據會計信息，預判業務活動對業績的影響，發現和預警經營風險。

二、劃小單元

如果核算會計只管核算，匯總會計和管理會計只報告和分析，只要其中一項工作，只達到了「及格」的標準，這些工作組合在一起時，總的結果也只是及格，甚至不能達標。

比如，會計確認了100元的費用，這100元會最終以現金的形式流出企業。

所以，如果不該支出的成本，以現金形式流出企業，成為現實，即使被發現了，也成為無法挽回的損失。面對這樣的結果，責任卻難以落實，因為每個崗位都做了該做的事，湊在一起卻沒有控制風險。

會計信息的生產過程也是財務決策的過程。

最先接收原始信息的核算會計，是做出管理判斷的最佳人選，在這個環節，信息衰減程度低、線索清晰、證據完整。

「劃小單元」的作用就在於，斬斷導致會計信息失真的風險向後傳遞的鏈條，使我們甄別信息的速度更快、成本更低、效率更高。

更重要的是，「劃小單元」後，為我們落實管理責任，提供了現實的基礎。只要我們將會計視同完成核算、管理和服務職能的綜合體，工作的成效和錯誤就能直觀地體現出來。因為工作成果可量化，責任就能準確到人、追溯到環節、落實到事。

人的責任感，決定於行為受到的獎勵和承受的處罰。

總的來說，「劃小單元」屬於倒逼機制，最終目的是將核算、服務和管理融為一體。

三、監督執行

如果說「制度的尊嚴在於執行」，那麼「執行的效率依靠監督」，但凡說管理，一定與監督有關。

有些事做到兩成就是兩成的結果，有些事做到九成，還差一成，卻等於沒做。我們的會計工作常常「功虧一簣」，差的不過是最後「一成」。「監督

執行」的目的，就是推動大家堅持走完「最后一公里」。

關鍵是誰來監督？

一般來說，權力結構決定了監督的效力，當然應該是上級監督下級。但權力結構無法保證監督的效率，最佳的監督者是執行者本身。

因為自我監督的效率最高。

問題是，自我監督的效力很低，畢竟，我們很難客觀評價自己的工作，自我評價容易避重就輕，這是人性使然。

我們如何同時確保監督的效力和效率？

一個行之有效的方法是「打表」。

我們將會計工作的內容，從核算、管理到服務，全部細化明確為具體的項目、內容和標準，以明細表的格式確定下來。我們處理具體業務時，按照表格內容，每完成一項確認一項，工作完成時，自我監督的過程也跟著完成了。

工作和監督同時進行，並留下了痕跡，上級只需要抽查即可，而且執行過程一目了然，不存在爭議且客觀公正。

我們建議各位財務經理、財務總監，一定把這張監督執行的表格做好，這就等於完美地搭建了公司的會計工作體系。

使小力辦大事，四兩撥千斤，是管理追求的境界，也是「監督執行」策略要達到的目的。

四、全面授權

我們建立了標準，責任落實到各崗位，同時，具備了可執行的監督機制，工作可以有效推進了吧？

還不夠。

因為我們搭建了工作框架，但缺乏讓系統運行起來的「動力」。

沒有權力的責任是掛在牆上的口號，沒有責任的權力則是脫離規則的蠻力。前者無用，后者危險。

責任與權力是共生而存的。

「全面授權」就是給責任匹配相應的權力，目的是保證執行者履行責任時，擁有足夠且有效的「動力」。

當我們拿著存有疑問的憑據，詢問業務部門原因時；當我們需要其他部門配合時；當我們獲得有價值的信息線索需要呈報領導時。如果因為權限不

夠，讓工作無法正常開展，任務無法完成，那麼，會計的核算、管理和服務職能更無從談起。

長此以往，會計人員就會產生「是權限不夠讓我無法完成工作，所以，我努力也沒用」的消極態度。

只有被賦予相應的權力，會計才有動力推進工作，可財務權限如何下放，以及下放多少呢？

我們說財務的「權力」很大，涉及公司經營的方方面面，但歸根到底是「資金權」，資金權掌握在誰手中，誰就真正擁有了「財權」。如果將資金權抽離，財務部和其他管理部門沒有本質的區別。

所以，「全面收權」的作用就是，除了關乎公司經營生死存亡的「資金權」牢牢掌握在管理層手中，財會工作的其他職權都可以下放。而我們下放多少權力，以及下放什麼權力給會計，關鍵在於公司希望會計扮演的角色。

我們將「建議權」賦予會計，會計就能做服務經營的工作；將「否決權」和「調查權」賦予會計，會計就能做管理的工作；若只賦予收集信息的權力，會計就只能做核算。

因為會計被賦予了否決權、建議權和調查權，就可以做好管理和服務工作，業務部門想要報帳、支付成本，就得配合會計完成核算、管理和服務的工作。

我們以兩種情況為例說明：

情況一：若業務憑據經確認符合標準，我們確認為會計信息，並作為資金收、付的依據。

情況二：若業務憑據經審核不符合標準，會計可以否決，同時，向上級報告。

看得出來，當會計被賦予了相應的權力，不論哪種處理方式，業務處理的效率都很高，但握有權力的會計，會不會借權力尋租呢？

我們說「建立標準、劃小單元、監督執行」三步完成後，如果還出現尋租行為，要麼我們的框架搭建有問題，需要查漏補缺立即調整；要麼是會計人員的職業操守出了問題，只能讓其離職。但這都不是我們放棄「全面授權」的理由，如果是擔心「權力」分散，而弱化會計核算、管理和服務的功能，那就是因噎廢食，最後的結果當然是「自廢武功」。

至此，我們完整地介紹了「建立標準、劃小單元、監督執行、全面授權」，目的是為了建立全新的會計工作思維。不是要讓大家放棄核算工作，

第六章　告別平庸，成為新型會計

而是在核算中引入管理和服務的職能，同時，用管理和服務的思維開展核算工作。

唯有如此，才能成就新時代的會計工作。

「會計叔」：在核算會被技術取代的大趨勢下，會計必須從核算職能向外拓展，但核算是會計最基礎的職能，「革命式」地改變職業軌跡既危險又不現實。最好的方式是，將核算作為基礎，以管理和服務為突破口，從傳統核算型的會計向懂管理、會服務的會計轉型。

「算盤哥」：看來轉型並不難，不論從事的是何種會計崗位，方法、技巧和能力都不是影響我們轉型的障礙。唯一的阻礙，是我們的決心，心有多大，會計工作的邊界就有多大，會計工作的邊界有多大，我們職業發展的想像空間就有多大。

第二節　會計是老板的「外腦」
——「把自己當作老板那樣開展工作」

「算盤哥」：如果一個會計能實現服務、管理和核算的三統一，這個會計是否就具備了卓越的執業能力？

「會計叔」：差不多是這個意思了，但還不敢就此定論，如果會計能站在老板的角度思考問題，才算得上是優秀的會計，但前提是老板願意把會計當作自己的「外腦」。

作為職場中人，會計最常困擾五件事，一是操心錢，如何確保公司經營所需的資金；二是操心事，如何推進財會工作；三是操心關係，如何處理上下左右、內外部之間的矛盾；四是操心老板，如何服務和支撐老板的決策；五是操心人，同事之間如何協同推進工作。

最操心的五件事中，前兩項難度較低，難度居中的是最后一項，最不好把握的是中間兩項，因為這完全是與人打交道的內容。

比如，老板希望財務工作能創新突破，提升公司價值，但創新是「破壞」原有結構后的再次重構。創新與會計簡單重複的工作屬性本身就存在衝突。

不同於老板看重會計服務和支撐經營的能力，財務經理更關注與核算相關的專業技能。於是，老板和財務經理的不同評價標準，常常造成會計自我評價的落差，並糾結於工作的定位、方向和努力的程度。

既要具備創新精神，又能做好本職工作，這樣的會計，必然是盡職盡責，又富於主觀能動性的「稀有金屬」。

但「稀有金屬」的物理結構一般都不太穩定。

對富於創新精神的會計來說，也是如此。

在其他專業看來，會計墨守成規、謹小慎微、精打細算，缺乏激情和趣味，對數字敏感，過於擔心風險。會計生活在銅牆鐵壁構築的獨立王國中，

第六章　告別平庸，成為新型會計

拒絕一切與會計原則、標準、規範相悖的行為。

實話實說，這些「負面」的評價，卻是客觀地反應了會計的精神狀態、工作方式和行為特徵，甚至成為會計文化的標籤。

但這些標籤，卻沒有反應出會計文化的真實內涵，我們回看會計發展的整個過程，最能體現會計文化內涵的符號，卻是我們通常戲謔會計職業的代名詞——帳房先生。

古裝片中，我們常常看到，但凡老板做重大決定，身邊常有「帳房先生」相伴，老板側身傾聽，會計俯身耳語，老板或喜上眉梢，或眉頭緊蹙，時不時地還要問一句：「親，你覺得呢？」

因為夠專業，老板才會問你，當你解決了難題，老板就覺得親。「親不親」是個感情問題，「你覺得呢」卻是個技術問題。所以，會計是老板身邊的人，老板離不開會計，常伴老板身邊的會計，是老板隨身攜帶的人腦計算機、風險提示器、談判智囊團。

會計是老板的第二個「大腦」。

財務是后端部門，但后端部門並非只能在后端環節發揮作用。兵馬未動，糧草先行，業務未動、財務先行，說的是一個道理。會計應該先老板之想而想，替老板想策略、謀出路、解難題。

「會計叔」：這麼說，老板需要的、老板關心的、老板困惑的、老板無解的，都是會計要做的事情，要這樣子的話，會計工作怕是應接不暇吧。

「算盤哥」：看起來確實很多，但概括起來不過四件事：說得清商業模式、找得到替代方案、玩得來政策法規、看得清趨勢方向。

一、說得清商業模式——會計第一要務

會計工作是將商業活動、經營行為抽象表達為數字展示的內容，因為我們長期從事「CT透視」這樣的工作，逐漸形成了管中窺豹的思維方式，當然就會一葉障目不見泰山。

所見即所得，所得即所思，但所思可能很無用。

217

好比我們把某個生命體切分到細胞層面，拿著一大堆分析報告，入木三分地描述生物的特徵和屬性。我相信，看到這樣的報告，所有人都會發懵，根本無法做判斷。

原因很簡單——大家不知道這是什麼東西。

我們為何不簡單一點，先告訴大家這是什麼，是人還是動物，然後再從域、界、門、綱、目、科、屬、種，依次往下，逐步細化。

深度和精度固然重要，但我們常常因為細節而忽略整體。

會計怎麼才能把握重點又不糾結於細節，又怎麼才能完整、清晰地描述業務？

簡單地說，就是用三個問題，把商業模式講清楚。

第一，公司以什麼樣的方式做業務？這決定了公司需要什麼樣的資源、組織結構、生產方式，以此得出公司成本管控方案。

第二，公司做的是什麼樣的業務？業務的市場容量、產品屬性、業務區域是什麼？以此得出公司風險控制方案。

第三，公司以什麼樣的途徑賺誰的錢？也就是與客戶定位、投入產出效率、資金週轉相關的內容，以此得出公司預算管理方案。

把這三點搞明白，就說清了公司的商業模式，至於生意做不做、怎麼做的問題自然迎刃而解，與之相關的財會工作也就清晰明瞭。

作為會計，時常思考這三個問題，假以時日，我們的職業發展通道將無比廣闊。因為多年後，筆者的朋友重提此事時，對筆者說：

「當年，公司一直想培養和提拔一位具有財務背景的副總，看重的就是能完整、清晰地描述業務的能力……」

「算盤哥」：把事情說清楚，看起來是個很低的標準，其實對專業能力的要求極高，除了要懂經營、懂財務，關鍵還要能糅合二者，為老板出謀劃策。

「會計叔」：站在老板的立場，就算會計核算能力弱一點，也比不懂業務好得多，因為所有的專業工作都是為生意服務的。

二、找得到替代方案——讓夢想照進現實

如果在公司做一個「最喜歡說『不』的部門」榜單，財務部一定名列前茅，很可能還是第一名，如果我們做一個「最愛說『沒問題』的部門」榜單，市場部絕對第一。

曾有老板對筆者說，他對業務人員的要求是，客戶說什麼都要答應，就算是造航母、衛星，都得說沒問題。這樣的語言，這樣的豪情，怎能不讓人懷疑他是「皮包公司」的老板，但有一點却是真的，他很有企業家精神。

現實中，要求造航母、衛星的客戶是沒有的，即使有，也輪不到我們，大部分人做的還是常規業務。

業務雖然常規，情況却是多變。

高度標準化生產和營運的肯德基、麥當勞，都在改變產品，適應不同地區的飲食習慣，還有什麼是一成不變的生意？

唯一不變的，是變化本身。情況很明確、道理很簡單，但會計常常做不到。因為會計工作的標準來自會計準則，但會計準則沒法包含所有個性化的業務。

於是，會計只有以不變應萬變，就算萬變也不離其宗。

最后，其他部門都圍繞財務轉，準確地說，大家都圍著會計準則和財務的規章制度轉。

這看起來是對的，實際上錯得很離譜。

我們如果把公司比作一個行星體系，最内核的不是老板、不是股東、不是監管機構，而是客戶，沒有客戶，整個體系就此崩塌，全部玩完。好比月亮如果不以地球為中心，那麼地球的運行軌跡也會紊亂。

圍繞誰轉是運行軌跡的問題，決定的却是生死存亡。

公司的業務人員作為第一圈層的行星，離客戶最近，人力、財務、業務、管理部門則分列於二、三、四、五圈層，通過服務和管理業務活動，實現與客戶的互動。

所以，財務應該以業務為中心，業務怎麼轉，財務就要怎麼轉。那會計的原則呢，不需要遵守了？

會計的原則是「自轉」的問題，「自轉」怎麼能決定「公轉」。

所以，為了公轉可以犧牲自轉，是嗎？

「犧牲」的說法應改為「調整」——調整會計原則的容忍度。按會計準

則的要求,將業務活動劃分為達標、瑕疵、風險、違規、違法五個層次。達標是最好的結果,瑕疵可以接受,風險需要補救,違規則應拒絕,違法必須堅決制止。

作為會計,我們應將容忍線設定在「風險」這一級,違規的事不要做,違法的事不能做。在實務工作中,按最高標準做到「達標」,是可遇不可求的,倒是有「瑕疵」的事情常常發生。

需要會計專業處理的正是「風險」層次的內容。「風險」處理得好,頂多是瑕疵,處理不好,就是違規,甚至違法。

所以,我們這裡多講講會計如何多角度解題的方法。

比如,公司決定投產新品種,涉及生產線購置、生產工人招聘、原材料購買等一系列工作。對會計來說,這涉及複雜的財務和會計工作,包括人工、材料、融資、資產、成本等內容。如此複雜的體系,光是測定產品的盈利水平,就不是件易事。遇到市場變換,如何建立投資退出通道,以及對風險的控制,又是一個複雜的問題。

但不做不行啊,不是說業務怎麼轉,財務就要怎麼轉麼?

財務需要圍繞業務轉,是要讓業務轉得輕鬆、轉得有效,而不是單純地跟隨。要破解這樣的難題,「業務外包」算是一個替代方案。

公司不需要自己投建生產線、雇傭工人,只管做好研發,摸透客戶的需求,其餘的事情委託給外包服務商即可。通過這種方式,在避免巨額融資成本的同時,還解決了投資退出的難題。當然,還減少了複雜的營運工作。

就因為我們換了條路走,眾多問題沒有了,風險也降低了,可能出現的「違規」自然也就消失了。

這就是會計想出替代方案的現實意義。

「會計叔」:有些事看起來和財務沒關係,好像會計做不了主,其實與我們看問題的角度有關,多一些看問題的角度,就能解決很多難題。

「算盤哥」:選一條好走的路,比怎麼走好一條路更重要,業務部門最希望會計能提出多個可選方案,以供參考決策。

三、玩得來政策法規——會計的核心競爭力

我們在實務工作中，總能想出奇妙的商業構思，在實施時，却發現這些「完美」的經營方案，與國家的政策制度相悖，最后只能忍痛割愛。通常，我們會抱怨是制度的原因，但這樣的抱怨沒什麼用。

因為政策法規、規章制度本來就是方案設計時，要考慮的外部因素。會計作為最常接觸政策法規的專業人士，當然有責任將政策法規代入「經營函數」中尋求最優解。

但是，要達到這些要求，需要三個條件。

一是學習。我們只有先「知道了」才談得上如何運用，要「知道」就只能學習。所以，凡是與公司業務相關的政策法規，都是我們要學習的內容。

二是選擇。根據政策法規和業務目標，選擇最佳經營方案，確保經營方案能合法合規地落地實施。

三是控制。財務風險不會單獨出現，一定在經營過程中產生，控制財務風險的最佳時機是在業務經營環節。如此一來，會計的職責之一，就是營造對政策法規存有「敬畏之心」的氛圍，確保經營活動不逾法、不破規，將風險扼殺在風險產生之前。

政策法規的制定者是人，執行者也是人，政策法規的作用是規範人的行為。「政策法規」就是經營活動的「游戲規則」，面對規章制度，會計要敢「玩」、會「玩」，同時，還要「玩」得起。

通常來說，犯錯的人有兩類，一是「無知」的初學者，還沒弄清規則就犯了錯；二是「懂行」的專家，熟知規則，却挖空心思鑽漏洞。第一類人需要加強學習，第二類人是知法犯法，只能罪加一等。

其實，第二類人仍是「半壺水」，沒有真正搞懂游戲規則。

真正搞懂規則的人是不會犯錯的。

搞懂政策法規的人，不會按部就班、按圖索驥，更不會挑戰規則、莽撞行事，真正搞懂政策法規的人是對政策、制度和規範存有敬畏之心的人。

換言之，有人看著，我們按規則玩游戲，沒人看著，我們還按規則玩游戲。

「玩得來政策法規」就是要求會計，除了樹立自己對規則的敬畏之心，還要會運用政策規劃經營方案，推動經營活動朝既定方向推進，這就是「玩

得來規章制度」的真義所在。

四、看得清趨勢方向——會計的最高境界

實事求是地說，「看得清趨勢方向」無法單獨存在，但要是前三項內容都做到了，第四項就是自然而然、順理成章的事。

我們這裡所說的「看得清趨勢方向」，指的不是會計預測分析的能力，而是會計敢於對經營活動的趨勢變化做出判斷。這包括兩點：

第一，如果老板開始諮詢會計，關於公司未來經營預期的問題，這就充分說明前三項工作，我們做得到位並初見成效；

第二，對於老板提出的問題，我們要給出確定的答案，行還是不行、能做還是不能做，總之，要給個痛快話。

第一點是成績，關鍵在於第二點，但我們往往做不到。在沒有充分證據的情況下，會計從不敢妄下定論，我們很難有「膽量」對不確定的事做出確定的回答。

也許，在我們看來，不對沒把握的事下結論，這是負責任的態度，但在老板看來，卻是最不負責任的行為。老板決策的時候，需要的是參謀，在拿捏不定的時候，需要專業人士的專業意見幫著下決心。若是我們給出什麼都對，又什麼都不對的答案，等於沒給答案。

這一點，我們應多向業務部門的同事學習，他們總是富於激情地給出定論，幫老板下決心、做判斷。當然，我們學習這種精神時，需要以會計的職業操守為底線。

要成為一個有前途的會計，必須具備判斷趨勢的能力，更要敢於判斷公司經營走勢，勇於向老板建言獻策。

至此，我們算是完整地描述了一個「帳房先生」的四大能力，其實這四件事，個個都是會計的本分，本分做到了，事情就做好了。

但我們要做好這四件事，除了自身努力，更離不開老板的支持。前面我們說過，有什麼樣的老板，就有什麼樣的公司文化，有什麼樣的公司文化，就造就什麼樣的員工。

公司文化是老板決定的，但會計行業的文化也需要傳承和發揚。巧合的是，二者的最佳結合點就是「帳房先生」——一個懂經營、會管理、能核算的會計，一個能站在老板的立場上解決財務問題的會計。

第六章　告別平庸，成為新型會計

「算盤哥」：所以，老板把會計看作什麼，會計就獲得什麼樣的存在感，有什麼樣的存在感，就會追求什麼樣的獲得感，追求獲得感的過程，就是跨越障礙、達成目標的過程。

「會計叔」：在未來，會計行業將發生巨大變化，這是時代進步的必然。我們只是在一定範圍內提出了概念、方法和思路，更重要的是，各位讀者在工作中，要不斷摸索如何成為一名懂經營、會管理的會計！

國家圖書館出版品預行編目(CIP)資料

跳出會計看會計 / 李玉周，羅杰夫 著. -- 第一版.
-- 臺北市：財經錢線文化出版：崧博發行, 2018.12

面 ； 公分

ISBN 978-957-680-294-2(平裝)

1. 會計學

495.1　107019130

書　名：跳出會計看會計
作　者：李玉周、羅杰夫　著
發行人：黃振庭
出版者：財經錢線文化事業有限公司
發行者：崧博出版事業有限公司
E-mail：sonbookservice@gmail.com
粉絲頁　　　　　　網　址：
地　址：台北市中正區延平南路六十一號五樓一室
8F.-815, No.61, Sec. 1, Chongqing S. Rd., Zhongzheng Dist., Taipei City 100, Taiwan (R.O.C.)
電　話：(02)2370-3310　傳　真：(02) 2370-3210
總經銷：紅螞蟻圖書有限公司
地　址：台北市內湖區舊宗路二段 121 巷 19 號
電　話：02-2795-3656　傳真：02-2795-4100　網址：
印　刷：京峯彩色印刷有限公司（京峰數位）

　　本書版權為西南財經大學出版社所有授權崧博出版事業有限公司獨家發行電子書及繁體書繁體版。若有其他相關權利及授權需求請與本公司聯繫。

定價：450元
發行日期：2018 年 12 月第一版
◎ 本書以POD印製發行